冰河世纪

史前动物全揭秘（第2版）

江泓 董子凡/著 张铁/绘

人民邮电出版社

北 京

图书在版编目（CIP）数据

冰河世纪：史前动物全揭秘 / 江泓，董子凡著；
张铁绘. -- 2版. -- 北京：人民邮电出版社，2017.6
ISBN 978-7-115-45576-5

Ⅰ．①冰… Ⅱ．①江… ②董… ③张… Ⅲ．①古动物
—普及读物 Ⅳ．①Q915-49

中国版本图书馆CIP数据核字(2017)第095611号

内 容 提 要

　　本书按照进化的轨迹，全面系统地介绍了冰河世纪的史前动物，既有亚欧大陆的猛犸象、锯齿虎这些冰川时代最有代表性的物种，也有美洲大陆的短面熊、美洲拟狮等大型掠食者，还有大洋洲的古巨蜥、非洲的恐象，等等。这些物种涉及飞禽、走兽、爬行类等众多类型，书中不仅对这些史前动物的身体特征、生活习性、生存环境作了详细讲解，还配备了大量精美的手绘图和照片进行还原。除此之外，本书还描述了冰河世纪史前生命的演化轨迹以及人类和动物之间的关系，多角度展示了冰河世纪的神奇与蓬勃生机。

◆ 著　　　　　江　泓　董子凡
　　绘　　　　　张　铁
　　责任编辑　　郎静波
　　责任印制　　陈　犇

◆ 人民邮电出版社出版发行　　北京市丰台区成寿寺路11号
　　邮编　100164　电子邮件　315@ptpress.com.cn
　　网址　http://www.ptpress.com.cn
　　固安县铭成印刷有限公司印刷

◆ 开本：787×1092　1/16　　　　插页：1
　　印张：17.5　　　　　　　　2017年6月第2版
　　字数：487千字　　　　　　2024年7月河北第8次印刷

定价：99.00 元

读者服务热线：(010)81055410　印装质量热线：(010)81055316
反盗版热线：(010)81055315
广告经营许可证：京东市监广登字20170147号

冰河世纪：史前动物全揭秘

（第2版）

序

　　与气候环境相关的话题、或者说是问题越来越成为人类聚焦的热点，全球变暖的概念正在被社会和大众广泛关注与了解。分别于 2009 年 12 月和 2011 年 12 月召开的哥本哈根联合国气候变化大会和德班联合国气候变化大会以降低温室气体排放、阻止全球气候变暖为主题，甚至被喻为"拯救人类的最后机会"，将"全球变暖"的观点推向舆论的顶峰。不过，尽管对"全球气候变化"的理解通常是指由于全球平均气温升高而导致的各种环境变异，但实际上目前很多所谓的"全球气候变化"仍未超出历史的循环变幅。颇为巧合的是，在召开上述气候大会的两个冬季，北半球都经历了剧烈的寒潮袭击，这不仅使"全球变冷"的可能性被提出，甚至有人宣称地球也许已进入一个小冰期。尽管大多数人并不赞同所谓"小冰期"的夸张提法，但欧亚面临的极寒天气至少让质疑全球变暖的声音变得响亮。

　　在对全球气候变化日益被关注的今天，地质时期的气候特征具有极其重要的参考价值，而距现代最近的第四纪冰期则是科学家倾力研究的一个重大事件。不仅如此，普通公众对古气候的了解也从第四纪冰期中获得了最直观的认识，好莱坞的动画大片《冰河世纪》已拍到第四部并持续赢得高票房收入，正是观众关注度的直接体现。

　　现代动物地理区系和多样性的基本特征在新近纪时期已经奠定，但在属和种的水平上，新近纪的动物并没有能够延续到今天，这其中很大的一个原因是在这两个时期之间横亘着一个第四纪冰期。最新的研究结果显示，在青藏高原起源的寒冷适应性动物在冰期肇始时获得了巨大的优势，并很快扩散到整个北方大陆。尽管全新世的到来结束了冰雪的肆虐，也导致大量冰期动物的灭绝，但第四纪哺乳动物群中的幸存者与人类一道成为现代陆地生态系统中最重要的成员。

　　好莱坞《冰河世纪》这样的动画片虽然能寓教于乐，但其中的科学知识，包括动物形象、故事情节、环境背景都是不准确的。那么，怎样给予普通大众以正确的冰期动物知识呢？当我看到本书的作者送来的《冰河世纪：史前动物全揭秘（第 2 版）》一书的手稿时，眼前不禁一亮，这不正是我期待中的科普书籍吗？

　　我认识本书的两位作者有一些年头了，契机正是他们为了写作关于新生代哺乳动物群的文章或书籍而来与我讨论，有时是当面的，也有的时候是通过电话或邮件。我知道他们并没有受过古生物学的专业训练，却对哺乳动物化石以及它们曾经的生活习性和生存环境有着浓厚的兴趣和极大的热情。正是在强烈的爱好驱动下，他们刻苦钻研各种深奥而枯燥的学术论文，甚至是不同语种或古老或最新的文献，努力从中提取那些既有趣又有意义的古生物学知识，再创造性地用优美的文字编写成科普文章，还常常带有生动活泼、曲折离奇的故事情节，成为各个年龄段和各个职业人群，尤其是广大青少年喜闻乐见、爱不释手的读物。

为了让那些沉睡千万年的动物们"起死回生"，本书的两位作者还与手法娴熟、艺术典雅的绘图师张铁合作，使我们能够重新见到远古的生态环境和多姿多彩的史前生灵。本书的大量复原图凝聚了张铁的心血，他甚至比我们化石研究者还要细心。例如，当我们找到一件冰期动物的化石，哪怕是剑齿虎的一枚牙齿，哪怕是披毛犀的一段骨骼，都可以进行学术的研究；而我们的研究像警察探案一样，利用支离破碎的残存信息，只要能够定案，这件工作就算告一段落了。但为古动物做复原的艺术家却不同，他们需要完整而准确的信息来描绘谁也没有见过真身的史前灭绝动物。正是他们的精益求精，反过来促使古生物学家对化石进行更深入全面的研究，以便能对它们的整体面貌作出有科学依据的合理推断。

地球气候存在波动性，气候的历史就是以不同时间尺度波动的历史，而过去气候变化的记录在研究现代全球变化中已是重要的参照系。从这本书中读者将会了解到，第四纪的气候波动相当频繁和剧烈，冰期和间冰期交替出现，喜暖或喜冷的植被和动物群就在不同纬度之间往复移动。然而，古生物学家和古气候学家都还有许多疑问等待解答，不少关键的生物进化事件和气候环境过程有待于依靠更多的古生物化石来证实，以便深入地了解并发现其内外因素之间的紧密关联，这其中就有与第四纪冰期密切相关的问题。例如：第四纪之前冰期动物群在何种气候环境条件和地质构造背景下起源？为什么现代青藏高原具有大量独特性耐寒动物？植被的多样化发展是否降低了大气中 CO_2 含量并导致全球变冷？更新世动物群的灭绝是自然还是人为因素造成的？冰盖扩大和海平面降低所导致的植被覆盖度增减是否能保持平衡？早期人类在东亚的出现是否与寒冷干旱的气候环境背景有关？

我期待着上述问题能尽快得到科学准确的解答，同时也期待着本书的作者会有新的科普著作，向读者们介绍不断涌现的有关冰期动物及其气候环境背景的科学研究新成果。

邓 涛

中国科学院古脊椎动物与古人类研究所

前言

　　高大憨厚的猛犸象曼尼、强壮果敢的剑齿虎迪亚哥、猥琐滑稽的地懒希德，这三个好伙伴在电影《冰河世纪》中分享友谊、共渡难关。跟随着它们的一次次冒险，我们也认识了那个未知的冰雪世界——冰河世纪。

　　其实就在距今1万多年前，我们居住的地球还与今天面貌大为不同。当时气候寒冷，北半球高纬度的许多地区都覆盖着厚厚的冰层，海平面比今天低了上百米。就在这样一个寒冷的世界中，曾经生存着最为壮观的哺乳动物群，那是离我们最近的巨兽时代！

　　在古生物当中，冰河世纪的古兽有着仅次于恐龙的知名度和曝光率，它们代表了哺乳动物进化的巅峰，其中很多成员都是庞然大物。有趣的是，冰河世纪的许多动物与今天的动物有着千丝万缕的联系，它们有的是亲兄弟，有的是远房表亲，这为古生物学家研究和复原冰期古兽的生活提供了间接的资料。

　　仔细了解就会发现，冰河时代巨兽的真实面貌，很多时候与我们脑海中的印象是截然不同的——并不是所有的猛犸象身上都有长毛，剑齿虎的犬齿也没有那么长，而大地懒更是强悍的巨爪武士！关于冰河世纪的巨兽还有更多你不知道的，而本书就将带你一览当时巨兽们的奇妙与壮丽。

　　本书以生活在冰河世纪的动物为核心，分4个不同的板块，介绍了当时最著名、最壮观的61个史前动物种属。除了哺乳动物，书中还收录了部分已经灭绝的巨型鸟类和爬行动物，它们同样是冰河世纪引人注目的生灵。

　　与大多数古生物科普作品不同，本书的构架采用了纵向、横向相结合的视角。在介绍不同动物时，既会阐述它们演化、灭绝的来龙去脉，也会把它们放到当时的生态系统中，分析它们所处的生态位置。除此之外，本书还介绍了不同大陆自新生代以来地质和气候

的变化，动物群落的演替与交流，以及冰河时代人类的简要演化历程。我们编写本书的目的不单是介绍冰河世纪的几十种动物，而是让大家站在环境变迁、生物演化的开阔视野上，为了解200万年以来的地球提供一个窗口，同时也可以感受到我们人类这1万年来的间冰期生活是多么可贵。

在此，我要特别感谢著名古生物学家邓涛先生。作为当今权威的古哺乳动物研究专家，邓涛先生抽出宝贵时间仔细通览全文，指出本书的错误和不当之处，并为本书作序，让我们非常感动。

我还要感谢本书的另一位作者董子凡，我们在本书的编写过程中密切合作，互相帮助，收获了许多知识和理念。书中所有的文字资料都是以研究论文为基础，并融入了众多古生物学家的观点，以此保证内容的权威性和准确性。

在本书的创作过程中，我有幸邀请了国内古生物复原新秀张铁来创作复原图。张铁在工作中的专业精神和一丝不苟的态度实在令我钦佩，有时候为了确定一幅复原图，他会先绘制很多草图来选择，然后进行修改完善。精美的复原图和照片是本书的重要组成部分，正是因为有了它们，书中的冰河巨兽才变得鲜活起来。

最后我要感谢李泽慧在本书的创作中给予我的支持和关怀。

江 泓

目　录

第一部分
亚欧大陆

前传：两座大山的崛起

从人类文明的角度看，亚洲、欧洲显然是两个大洲。但在自然地理上，亚欧两洲数千万年来就是同一块大陆。这块大陆的历史，离不开两位南方来客——曾是南半球"冈瓦纳古陆"组成部分的非洲大陆和印度次大陆。

印度次大陆从白垩纪就开始独自向北漂移，在距今约5000万年前终于迎头撞上亚洲，由此诞生了喜马拉雅山脉和青藏高原。由于两个板块仍在相互挤压，它们也不断"长高"，逐渐成为近10亿年来全球最宏伟的山脉和高原。这个过程改变了整个亚洲的大气环流，中亚地区越来越寒冷干旱，而东亚、东南亚则形成了岛弧与季风。与此同时，非洲板块和亚欧板块西部也越挨越近，古老的"特提斯海"一点点闭合，阿尔卑斯山脉开始在南欧隆起。

从距今300多万年前的晚上新世至今，喜马拉雅山脉进入快速抬升期，长高了大约2000米！愈来愈浓的寒意笼罩着青藏高原，大型动物们纷纷外迁，它们在此磨练出的抗旱耐寒能力将在不久后的更新世展现价值，披毛犀和岩羊便是其中翘楚。而在亚欧大陆另一端，愈发峰峦雄伟的阿尔卑斯山脉也成为欧洲冰河时代的地质见证。

冰河时代的亚洲

整个更新世期间，除了毗邻欧洲的西伯利亚中西部，亚洲并没有大面积的冰川，甚至青藏高原上也没形成过统一的大冰盖。受海拔较低和季风影响，我国中东部的大兴安岭、太行山、秦岭等山脉，就连比较大的山岳冰川也没有出现过。

即便如此，更新世时的东亚仍经历了 4 次冰期、3 次间冰期。来回交替的气候像指挥棒一样，指挥着植被的更替和动物群的变迁。亚热带森林和喜暖喜湿的剑齿象、大熊猫在间冰期扩张到了陕西和甘肃；而在寒冷的冰期，华北一带变成了干草原，猛犸象南下到了河北、山东一带。这一时期，来自上新世的三趾马、巨颏虎、硕鬣狗等古老动物都在中更新世走向衰亡，而真猛犸、披毛犀和原牛等较晚出现的耐寒动物，则幸存到了距今 1 万年前的更新世结束时。

相对寒冷的北方，南亚和东南亚则要安逸得多，这片地区的海岸线总是分分合合，虽然也曾有过极端气候，距今 7 万多年前还发生过超级火山喷发，但这里的气候、植被和动物群仍大体保持了稳定。亚洲象、独角犀、马来貘等早更新世时就移居此处的巨兽，至今依然幸存。

更新世的欧洲草原堪称"动物大杂烩"，那里既有来自非洲的大象、狮子、斑鬣狗，也有来自亚洲的野牛、高鼻羚羊，还有今天只生活在北美的麝牛。

冰河时代的欧洲

比起更新世时的亚洲，大陆另一端的欧洲才真正是冰天雪地。冰期高峰时，整个斯堪的纳维亚半岛、波罗的海、北冰洋沿岸和大部分不列颠岛都被数百、数千米厚的冰川覆盖。在阿尔卑斯山脉的峰谷间，也养育着大量山岳冰川。

除了上面提到的生命禁区，今天森林丰富的西欧、东欧平原地区在冰期时却是开阔的干草原，或者更冷更贫瘠的冻土苔原。至于森林，干脆退缩到了阿尔卑斯山以南的地中海沿岸地区。

在寒冷的苔原上，冬季时植物无法生长，夏季时则能为食草动物提供草场。生命的最后

今天的亚洲象，正是南亚和东南亚相对稳定的气候保证了它们的生存和延续。

印度尼西亚苏门答腊岛上的多巴湖（Lake Toba），这座湖是距今约 7.3 万年前一次超级火山喷发留下的遗迹。

希望在那些冬季不封冻的干草原，那里养活了成千上万的猛犸象、披毛犀、野牛和野马。食肉的洞狮、洞熊、洞斑鬣狗和食草动物们一起，组成了类似今天非洲塞伦盖蒂大草原那样的冰河时代欧洲动物群。由于冰河时代降水少，干草原上几乎没有什么树木，这片一望无际的开阔草场直通中亚、东北亚，甚至一直延伸到阿拉斯加。

岛屿变奏曲

冰河时期大规模的冰川，不但覆盖了北方的陆地，还锁住了大量的水分，导致海平面下降、海底变成陆地，形成了连通岛屿和大陆的陆桥。冰期高峰时，东亚的日本列岛曾与中国大陆相连；印尼的苏门答腊、爪哇和加里曼丹等东部大岛，也和马来半岛融合成了广阔的"巽他大陆"。在欧洲，小半个地中海一度都成了陆地，西西里、克里特、塞浦路斯和马耳他都不再是岛屿，甚至就连英吉利海峡都变为不列颠前往欧洲大陆的通途。

陆桥的形成，打通了岛屿和大陆之间的物种交流通道，这也是为什么今天这些岛屿上的物种与大陆上的物种如此接近。更有趣的是，大象、河马等巨兽在冰期进入一些岛屿生活，当间冰期海平面上升，它们被隔绝在岛上。面对空间有限、食物匮乏的环境，曾经的大型动物迅速演化成了"侏儒"。肩高4米的古老古菱齿象，在几个欧洲岛屿上变成了1米多高的小矮象，类似情况也出现在进入印度尼西亚、日本的剑齿象以及进入北冰洋弗兰格尔岛的猛犸象身上。

北方巨兽的终结

在各大洲的冰河时代巨兽灭绝事件中，非洲发生最早，澳洲、美洲则是在人类入侵后不久迅速发生的。在古老的亚欧大陆，剧烈、频繁的气候和环境变化，让旧物种灭绝和新物种诞生都较为迅速，在更新世时的早、中、晚不同时期，动物群大不相同。

牛津大学自然史博物馆里的冰河时代哺乳类骨架，这些骨骼化石诉说着一个刚刚逝去的巨兽时代。

从早更新世开始，匠人、直立人、早期智人等史前人类就先后从非洲进入亚欧大陆，还在欧洲演化出了高度耐寒的尼安德特人。至于我们这个物种——现代智人，直到距今大约7万年前才进入亚洲，大约4万年前进入寒冷的欧洲。

除尼安德特人外，只有现代智人能在寒冷气候下长期生存，但他们不是靠强壮的身体，而是靠智慧。智人已经学会了缝制衣服，人工生火，使用投枪、飞石索等捕猎工具。在缺乏森林的北方草原，可食用的植物十分稀少，动物就成了智人的主要食物来源，而易被发现的大型动物正是人类猎手的绝佳目标。

距今1.3万年前，最近一次冰期开始消退，气候转向湿润。很快，大片的干草原被森林取代，猛犸、披毛犀等大型草原动物逐渐失去了生存空间，而智人的猎杀更是雪上加霜，这些大型动物就这样一点点被推向种群崩溃的边缘。亚欧大陆北方的"塞伦盖蒂"终于不复存在，如今只有温暖富饶的南亚雨林成为这块大陆上仅存的巨兽王国。

洞狮

刺骨的寒风吹过西伯利亚的平原，尽管只是初秋，但是地面上已经落下一层雪花。稀疏的树木间，一群猛犸象正在向前移动，一些体型小一点的食草动物跟在这些庞然大物后面。在一颗树后，一头体格健壮的洞狮站在那里，厚厚的毛发使它感觉不到丝毫的凉意。洞狮目不转睛地盯着前方的目标，它迈开步子，向前奔去。

档案: 洞狮

拉丁学名: *Panthera leo spelaea*, 含义是"洞中的狮子"

科学分类: 食肉目，猫科，豹属，狮种

身高体重: 体长约 3.5 米，体重 270~350 千克

体型特征: 体型类似于今天的狮子，但是比狮子大，脑袋巨大，身体强壮

生存时期: 更新世（距今 30 万年前~1 万年前）

发现地: 欧洲、亚洲

生活环境: 平原

猫科巨无霸

狮子是今天体型最大的猫科动物之一，一头成年雄狮身长 2 米（不含尾巴），肩高 1.2 米，体重通常在 149~240 千克。洞狮则比有测量数据的野生狮子要大些，身长超过 2 米，肩高 1.2 米，体重在 270~350 千克。虽然在体长、肩高上没有特别明显的优势，但是洞狮比今天的狮子要强壮得多。

从外形上看，洞狮与狮子很像，它们长着一个 40 多厘米长的宽大脑袋，一对大眼炯炯有神。洞狮的口中有一对长达 12.7 厘米的长牙，这是它们最恐怖的武器，当长牙刺入猎物的喉咙时，任何动物都会很快毙命。洞狮身体粗壮，四肢长而强健，如果算上长长的尾巴，其长度差不多有 3.5 米。关于洞狮毛发的复原得益于原始人类的岩画，这些在法国、德国山洞中保存至今的史前艺术品，不但展现了雄性洞狮颈部的环状鬃毛，还依稀能看到毛皮上的点点斑纹。

保存在博物馆中的洞狮骨架，巨大的头骨上犬齿非常明显。

欧陆大猫

洞狮的化石最早发现于欧洲中部的德国。1810 年，德国学者乔治·奥古斯特·古德弗斯（Georg August Goldfuss）建立了洞狮亚种（*Panthera leo spelaea*），位于豹属狮种之下。由于学名难以记忆，洞狮还有一个更常用的英文俗名：Cave lion。根据化石来看，洞狮是一种体型巨大的猫科动物，出现于距今 30 万年前的中更新世，到距今 1 万年前全部灭绝。

洞狮曾经生活在广阔的北方大陆上，足迹从英国、法国直至亚洲的西伯利亚。它们的栖息地主要集中在欧洲北部和中部，有资料称在北美洲也发现了洞狮化石，但那实际上是同时代的另一种大型猫科动物——拟狮。洞狮喜欢开阔的草原环境，不喜欢茂密的森林和寒冷的雪原。

BBC 纪录片《冰河巨兽》中，主持人跟随研究人员进入洞穴深处，发现了洞狮的巨大头骨。

与狮无缘

洞狮在分类上接近狮子，外形像狮子，但它与狮子却是完全不同的两种动物，可能有着共同的祖先。距今约 70 万年前，生活在非洲东部的原始狮类开始向外扩散，其中一支进入欧洲后演化成了洞狮，而留在非洲的狮类则成为今天的非洲狮和亚洲狮。从时间上看，洞狮出现的时间可能要早于今天的狮子，因此在分类上洞狮并不适合被当作狮子的一个亚种。

不久前一篇名为《大猫（猫科，豹亚科）的发展史和化石材料欠缺特征的影响》的论文，更是从分子系统发生学的角度，研究了包括洞狮在内的许多史前大型猫科动物。研究指出，洞狮不是狮子

洞狮的命名者：德国学者乔治·奥古斯特·古德弗斯。

的后裔，而是豹属的一个外系群，也就是说洞狮与狮、虎、豹在演化上是并列关系，是另一种大型而凶猛的猫科动物。

以熊为食？

在洞狮的时代，在欧洲还生活着一种大型食肉动物，它就是巨大无比的洞熊。一头成年雄性洞熊的体重可达 800 千克，站起来时高度超过 3 米，算是当时最大的食肉动物。面对这样的庞然大物，洞狮也敢于"亮剑"，露出自己的牙齿！

在德国南部山区的一个洞穴中，古生物学家发现了两块带有洞狮咬痕的洞熊骨骼，这说明它们曾遭受过洞狮的袭击。在罗马尼亚的一个洞穴中，情况却恰恰相反，人们在 800 米的洞穴深处找到了三具洞狮破碎的骨头，而洞穴上层有大量洞熊生活的痕迹。很明显，这些洞狮是被洞熊杀死然后抛尸洞底的。根据大量的化石证据，古生物学家认为洞狮会悄悄潜入洞穴中，杀死那些冬眠中的洞熊。而面对意识清醒的洞熊时，洞狮往往不是对手，猎人瞬间变成了猎物。根据破碎的化石不难想象，更新世欧洲两大顶级食肉动物在黑暗中的战斗是多么惊心动魄！

人狮之争

历经近百万年，洞狮终于成为欧亚大陆北部的顶级食肉动物，很快它们又与另一支强势崛起的力量迎头相撞，这就是人类。早期人类面对洞狮时毫无抵抗能力，很容易就变成了洞狮的盘中餐。后来随着工具的增强，人类的战斗力越来越高，逐渐变成了洞狮最大的敌人。

在西班牙阿塔普埃尔卡，研究人员发现了留有切割痕

史前岩画中的洞狮形象，可以看到它们在追逐其他食草动物。

迹的洞狮骨骼，这是海德堡人的杰作。海德堡人是欧洲最早的人类之一，他们已学会使用打制石器和其他工具，也是已知最早捕杀大型动物的原始人类。通过对洞狮遗骸的仔细观察，研究人员推测海德堡人遇到并杀死了洞狮，然后分割四肢、取出内脏，甚至敲碎骨骼吸食其中的骨髓。早期人们对洞狮的捕杀更多是出于自卫，不过随着不断强大，人类可能逐渐把洞狮当作竞争者，并对其进行有意识的清除。在争夺食物链顶端位置的战争中，人类最终击败了洞狮。

洞狮的灭绝

集智慧、力量、敏捷于一身的洞狮是晚更新世欧洲最优秀的杀手，又是什么原因导致它们最终灭绝了呢？曾经的主流观点认为，洞狮的消失是因为与人类争夺洞穴，遭到大量捕杀；但现在的观点认为洞狮通常生活在开阔平原上，那里很少有洞穴，所以也就不存在争夺洞穴的问题。尽管没有了"住房问题"，但是人类的确在持续捕杀这种猛兽，这严重威胁着洞狮的生存。

另一种观点认为洞狮的灭绝是因为食物大量减少，随着冰期的结束，欧洲的大型动物数量急剧减少，导致了食物匮乏。或许正是在食物不足和人类捕杀的双重打击下，曾经不可一世的洞狮才在1 万年前最终消失了。

今天凶猛的雄狮，一万年前的洞狮比它更大更凶悍。

博物馆中的洞狮头骨，宽大的颌骨和锋利的牙齿代表了它们曾经的地位。

欧美洲狮

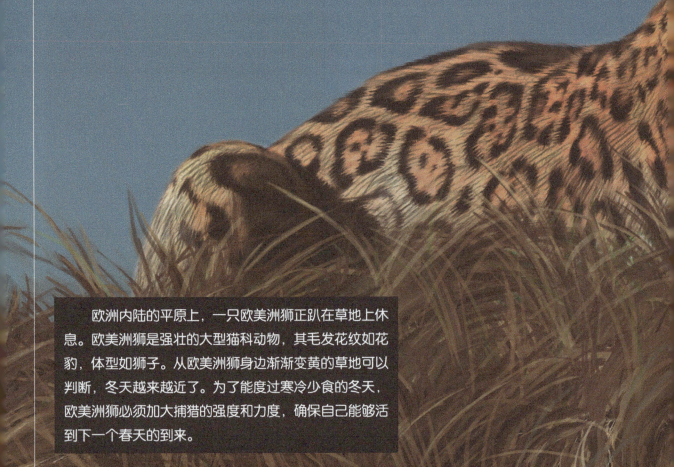

　　欧洲内陆的平原上，一只欧美洲狮正趴在草地上休息。欧美洲狮是强壮的大型猫科动物，其毛发花纹如花豹，体型如狮子。从欧美洲狮身边渐渐变黄的草地可以判断，冬天越来越近了。为了能度过寒冷少食的冬天，欧美洲狮必须加大捕猎的强度和力度，确保自己能够活到下一个春天的到来。

档案：欧美洲狮

拉丁学名：*Panthera gombaszoegensis*，含义是"冈巴佐格的豹"

科学分类：食肉目，猫科，豹属

身高体重：体长 1.2~2.2 米，体重 70~210 千克

体型特征：体型类似于今天的美洲豹，但是比美洲豹大，其脑袋巨大，身体强壮

生存时期：更新世（距今 150 万年前~60 万年前）

发现地：欧洲

生活环境：山地、平原

欧洲的豹

意大利北部的奥利沃拉，这个地处阿尔卑斯山脉中的小镇是研究冰河时代古哺乳动物的圣地，在小镇附近的山中经常会发现一些动物化石。18世纪，在奥利沃拉发现了一些大型猫科动物的化石，学者

欧美洲狮的命名者，匈牙利古生物学家米克洛斯·克莱特佐伊。

认为化石属于托斯卡尼狮（Panthera toscana）。后来，类似的化石在英国、德国、西班牙、法国和荷兰都有发现，显示这种动物应该是一个独立

著名跑车捷豹的标志，是一只跃起的豹。

欧美洲狮复原图，其外形与今天的美洲豹有几分相像。

种。1938年，匈牙利古生物学家米克洛斯·克莱特佐伊（Miklos Kretzoi）在系统研究了发现的化石后命名了欧美洲狮（Panthera gombaszoegensis），其音译名为冈巴佐格豹，俗称"欧洲豹"（European jaguar）。虽然中文叫作欧美洲狮，但是它与今天的狮子没有关系，欧美洲狮实际上是豹属之下一种介于豹和老虎之间的动物。

欧美洲狮属于食肉目，猫科，豹属，生存范围主要集中在欧洲西部，在欧洲的其他地区和亚洲西部也有分布。欧美洲狮出现于距今150万年前的中更新世，大约在距今60万年前的晚更新世灭绝。

矫健的大猫

虽然被称为狮子，但是欧美洲狮的体型介于老虎和豹之间，外形与今天的美洲豹相似。欧美洲狮的个头比美洲豹略大，体长1.2~2.2米，尾巴长0.6~1米，体重在70~210千克。

欧美洲狮长有一个大脑袋，它的面部较为宽扁，一双大眼睛朝向前方形成了很好的双目立体视觉。欧美洲狮的口中长有锋利的牙齿，根据化石分析，其犬齿咬合力为400千克，臼齿咬合力可以达到600千克。欧美洲狮的脖子和身体粗壮而健美，四肢肌肉发达，尾巴灵活，长度大概为体长的三分之一。研究人员推测，欧美洲狮的身上长有类似今天美洲豹的斑纹：全身呈金黄色至橘黄色，头部和四肢具有黑色的斑点，背上则是黑色的圆环。像今天的黑豹、黑美洲豹一样，欧美洲狮也应该有全身黑化的个体。

草原伏击者

欧美洲狮是更新世欧洲最常见的大型猫科动物，是当时非常强势的掠食者。虽然与美洲豹外形相似，但从当时欧洲的地形、气候来看，欧美洲狮的

欧美洲狮的头骨化石，粗壮的犬齿具有巨大的杀伤力。

来自非洲

欧美洲狮是亚欧大陆最早出现的豹属成员，但并不是欧洲的原产物种。大约在上新世至更新世之间，欧美洲狮的祖先由南方的非洲进入欧洲。作为一种结构先进的食肉动物，欧美洲狮迅速进入顶级掠食者的行列，不但在欧洲兴盛发达，其中一支还沿着欧亚大陆继续向东扩散，经过白令陆桥进入美洲大陆。进入美洲的豹属为了更好适应当地的自然环境，体型开始变小，四肢也相应变短。美洲的豹属成功地度过了更新世末期的大灭绝，当剑齿虎、美洲拟狮等大型猫科动物灭绝后，它们迅速占领了顶级掠食者的位置，成为今天声名显赫的美洲豹。

欧美洲狮的一支进入美洲大陆，演化成了能爬树、善游泳、强壮凶猛的美洲豹。

　　留在欧亚大陆的欧美洲狮更多地保留了祖先的特征，成为联系旧大陆与新大陆之间大型猫科动物的关键节点，见证了早期大猫被现代大猫代替的过程。来自非洲、兴于欧亚的欧美洲狮很快就会遇到强有力的竞争者，而这个竞争者正是沿着它们祖先之前的足迹从非洲而来的同胞兄弟。

生存环境并不是茂密的森林，而是较为开阔的草原，主要以草原上的欧洲野马、鹿、野猪等大中型食草动物为食。以欧美洲狮的身体结构，它们的猎食手段可能更像虎、美洲豹而不是豹，偏重伏击和爆发力。它们先是利用身上的保护色躲藏在蒿草中，然后一点点接近猎物。当距离足够近时，欧美洲狮会突然爆发，然后以极快的速度扑向猎物。凭借着肌肉发达的前肢，欧美洲狮能扑倒猎物，然后用铁钳般的双颌与利齿杀死对方。

　　作为草原伏击者的欧美洲狮生性孤僻，是独来独往的猎人。独居的生活方式虽然在豹属中比较常见，但当它们面对群居性的食肉动物时，可能就会变成致命的缺点。

化石狮的头骨化石，仅从头骨的粗壮程度上看，就比欧美洲狮强悍许多。

它就是化石狮。

　　进入欧洲的化石狮与欧美洲狮具有相同的习性，占据着相同的生态位，两者不可避免地爆发了激烈冲突。在冲突中，体型更大、更擅长奔跑的化石狮很快就占了上风，它们将欧美洲狮逼入了绝境。距今 60 万年前，欧美洲狮灭绝了，而获得胜利的化石狮继续进化并演变成著名的洞狮。同样来自非洲，欧美洲狮被后起的化石狮取代，可谓是"长江后浪推前浪，前浪死在沙滩上"。如今，已经很少有人知道在史前欧洲曾经有过一种体型很大、非豹非狮的猛兽，它的俗称"European jaguar"也变成了一款高级汽车的品牌。

欧美洲狮的灭绝

　　欧美洲狮的灭绝不是由于环境变化，也无关人类捕杀，很可能是因为遇到了强大的竞争者，这个竞争者正是它的亲戚——化石狮（*Panthera leo fossilis*）。距今 70 万年前，生活在非洲东部的原始狮类开始向外扩散，其中一支进入欧洲，

锯齿虎

沙丘之上，一头阔齿锯齿虎的身形渐渐浮现。这头雌虎昨天刚吃完一顿美餐，这会儿肚子还挺饱，巡视着自己的广阔领地。头脸细长、前腿长后腿短的它，看起来似乎不如狮、虎有"王者风范"，但昨天它的猎物可是一头有母亲保护的小板齿犀，而且自己毫发无损……不知何时，它嗅到了陌生雄性的气息，难道之前居住在附近、曾经"巡幸"过自己的雄锯齿虎被入侵者赶走了？

档案：锯齿虎

拉丁学名：*Homotherium*，含义是"像剑齿虎的野兽"

科学分类：食肉目，猫科

身高体重：体长2米，肩高1.1米，体重150～230千克(阔齿锯齿虎)

体型特征：体大如狮，脖子长，前腿长后腿短，上犬齿宽而侧扁

生存时期：上新世至更新世（距今500万年前～1万年前）

发现地：亚洲、欧洲、非洲、北美洲、南美洲

生活环境：草原

轻装版剑齿虎

古生物学上所说的"剑齿虎"，往往是指整个"剑齿虎亚科"（Machairodotinae）的成员，包括历史上的10多个属、近百个物种。所有这些"剑齿虎"都不是老虎，而是猫科当中的另一个门派，它们曾在地球上延续了2000多万年，称霸时间比狮、虎、豹加在一起都要长得多。到地球进入冰河时代时，剑齿虎亚科中的"代表选手"是锯齿虎。

锯齿虎在上新世、更新世分布很广，但它们可以说是剑齿虎家族中的异类。多数剑齿虎类不论体型大小，都是粗壮、笨重的"怪力肌肉男"，不过锯齿虎的身材较为高瘦，四肢比较细长。锯齿虎的肩高一般为1～1.1米，个头、体重跟较大的狮子差不多。锯齿虎也和其他剑齿虎类一样脖颈较长，前肢明显长于后肢，这使得其背部向下倾斜。锯齿虎的尾巴比较短小，只有13节尾椎。这种身体结构让锯齿虎看起来头重脚轻，姿态上有点像鬣狗。

相比其他剑齿虎类，锯齿虎的门齿比较发达，而"剑齿"也就是上犬齿并不特别夸张，形状宽阔、扁平，前后缘都有锋利的锯齿，如同两把餐刀。不过，锯齿虎的剑齿长度仍普遍超过10厘米，超过今天狮、虎的平均水平。

有趣的是，锯齿虎身上还有一些类似猎豹的特征：上犬齿较小，给扩大的鼻腔留出了空间，奔跑时能更充分地呼吸；锯齿虎的大脑视觉中枢更适合白天捕猎，而不像狮、虎、豹那样适合夜间出击；再加上还算"修长"的四肢，这些史前大猫可能比狮子跑得更快。

委内瑞拉锯齿虎（*H. venezuelensis*），冰河时代南美洲的一种锯齿虎。

纵横五大洲

锯齿虎的祖先，一般认为是中新世时的剑齿虎，也就是狭义的剑齿虎属（*Machairodus*）。距今大约500万年前，它们开始在非洲大陆出现，并扩散到亚欧大陆和北美洲，甚至随着200多万年前巴拿马陆桥的连通进入了南美洲。在整个剑齿虎家族中，锯齿虎是唯一曾在五大洲（澳洲和南极洲除外）都留下过足迹的。

在锯齿虎出现的上新世时期，全球气候趋于变冷、变干，开阔的草原环境渐渐替代了密林，食草的有蹄类也变得愈加灵活、跑得更快，于是强壮笨重而不善奔跑的犬熊（*Amphicyon*）、巨恐鬣狗（*Dinocrocuta gigantea*）和巴博剑齿虎（*Barbourfelis*）等大型猛兽纷纷灭绝，剑齿虎类也遭受重创。新兴的草原上，只有像锯齿虎这样擅长奔跑、追猎的掠食者才能立足。

研究者们推测，至少一部分种类的锯齿虎，很可能像狮子一样是群居的，主要捕食草原上数量最多的大中型牛羊类、马类和林地边缘的鹿类。强大的锯齿虎可能也会瞄准更难对付的目标——犀牛和大象。

切开长脖子的弯刀

在美国得克萨斯州的弗雷森汉洞穴中，曾出土过30余只血锯齿虎（*H. serum*）以及300余具幼年哥伦比亚猛犸的骨骸，研究人员相信锯齿虎杀死了小猛犸象。研究显示这些幼象多在2岁左右，这正是它们开始调皮贪玩、时常脱离象群严密保护的年龄。

与其他剑齿虎类相比，锯齿虎的骨骼显得轻灵，但仍不失为强健的大型猛兽。

锯齿虎头骨狭长，上犬齿比较短粗，臼齿较弱不适合嚼骨头。

竞争无处不在

能捕食陆地上最大动物的锯齿虎，在它们的时代常常要面对多个强劲对手，这其中包括沉重的硕鬣狗（*Pachycrocuta*）、奔跑迅猛的豹鬣狗（*Chasmaporthetes*）、非洲的郊熊（*Agriotherium*），以及后起之秀狮子、花豹等豹属猫科动物，此外还有来自北美洲的狼。尽管锯齿虎并没有超强的个体战斗力，但凭借群居优势和高效的捕杀，它们在上新世、早更新世仍是其他掠食者难以抗衡的大型猛兽，它们自信地漫游在从热带到亚寒带的广阔草原地区，就连同属剑齿虎家族的巨颏虎和恐猫也处在它们的压制下。

在北美草原上，锯齿虎不得不与更加强大的短面熊、拟狮分享同一片猎场，在亚欧大陆上的锯齿虎也面临着越来越大的挑战。

在今天非洲一些地区，狮子在食物匮乏时也会攻击未成年的非洲象，但这需要很大的狮群才能办到。相对于狮子，锯齿虎的身体结构对付象类要得心应手得多。

锯齿虎的粗短剑齿，被研究者归为"弯刀牙"（Scimitar-tooth）类型，以区别巨颏虎、刃齿虎那种修长拉风的"马刀牙"（Dirk-tooth）。锯齿虎的剑齿虽短，却结实耐用不易折断，能在门牙配合下撕裂象的厚皮、脂肪。锯齿虎群可能会在象群周围连日跟踪和埋伏，等到有贪玩的小象离群，便迅速群起而攻之，用弯刀般的剑齿撕咬其腹部、四肢和喉咙，在成年象赶来前将其杀死。

别看锯齿虎外表细瘦，它们的颈部和前肢的肌肉却非常发达，完全有能力把沉重的幼象尸体拖回洞穴，慢慢享用。亚欧大陆的似锯齿虎（*H. crenatidens*）、阔齿锯齿虎（*H. latidens*）和非洲的哈达尔锯齿虎（*H. hadarensis*），除了捕食幼象，它们可能连幼犀甚至成年犀类都不会放过。

漫长的衰落

冰河时代开始后，锯齿虎开始逐渐衰落。距今约150万年前，它们首先在非洲消失；从距今数十万年前的中更新世起，亚欧大陆的锯齿虎化石也逐渐稀少，最后的化石发现于欧洲的北海海底，那里在2.8万年前还是平原。美洲锯齿虎的数量一直也不多，大约在距今1万年前最终灭绝。就这样，锯齿虎和刃齿虎一起成为最后消失的剑齿虎亚科成员。

锯齿虎的灭绝，并不能简单归结为豹属大猫、鬣狗和狼的排挤。锯齿虎对象、犀等大型猎物的偏好是它们无可替代的"核心竞争力"，这可能从另一方面限制了它们的数量，使其难以保持高密度的种群。在冰期与间冰期反复交替、极端气候频发的更新世，大型食草动物的数量和分布区域也会剧烈变化。锯齿虎这样的大型猛兽，可能受限于领地争夺，难以随着猎物一起迁徙，它们稀少的种群数量又经不起来回折腾。为适应草原而生的锯齿虎，最终还是没能扛过冰河时代过山车般的环境变迁，只能说它们"生不逢时"了。

在上新世、早更新世的草原上，锯齿虎的生态位可能相当于今天的狮子。

巨颏虎

档案：巨颏虎

拉丁学名：*Megantereon*，含义是
"巨大的颏"

科学分类：食肉目，猫科

身高体重：体长 1.7 米，肩高 70
厘米，体重 120 千克（刀齿巨颏虎）

体型特征：体大如豹，脖子长，
前肢发达，上犬齿很长露出嘴外

生存时期：晚中新世至中更新世
（距今 700 万年前~50 万年前）

发现地：亚洲、欧洲、非洲、北
美洲

生活环境：林地、森林

丛林阴影中，一头泥河湾巨颏虎静静潜伏，双眼紧盯着前方的一头大公野猪，长长的犬牙露出嘴外，几乎不逊于大公野猪的大牙。虽然大公野猪的体重是它的两倍，但这头巨颏虎看上去志在必得，它弓着身子，悄无声息地一点点接近。正在低头拱地的大公野猪刚察觉不对劲，就被闪电般冲过来的巨颏虎扑了一个趔趄，摔倒在地。伴随着利齿割断喉管的闷响，空有一身蛮力的大公野猪生命迅速流逝，而温热的鲜血让这头已经饿了几天的巨颏虎兴奋不已……

博物馆中的刀齿巨颏虎复原模型，这个造型缺乏气势。

小身体大长牙

巨颏虎属于大名鼎鼎的剑齿虎家族，是剑齿虎中体型较小的一类，1824 年由法国古生物学大师乔治·居维叶（Georges Cuvier）定名。巨颏虎的个头和今天的豹、美洲豹差不多，但没有豹的流线型体态。它们躯干较短，脖子却特别长，并附着大量肌肉；前肢、前爪几乎和狮子一样粗大，尾巴则如同猞狸一样短小。巨颏虎最醒目的特征，是长而侧扁的上犬齿。这对犬齿突出嘴外，下颌还延伸出"颏叶"加以保护，下犬齿则弱小得多。

由于身体强壮，巨颏虎可能比美洲豹还重一些。冰河时代先后生活在欧洲的刀齿巨颏虎（*M. cultridens*）和巨颏巨颏虎（*M. megantereon*），体重可能达到 100~160 千克。主要分布在非洲、南欧的怀氏巨颏虎（*M.whitei*）则要小些，可能只有 60~70 千克重。

以身体比例而言，云豹是今天猫科动物中犬齿最发达的，但它们主要还是捕食麂子、啮齿类、鸟类等小动物。

分布广化石少

巨颏虎个头不大，演化却十分成功。巨颏虎的祖先，可能是距今 1500 万年前的副剑齿虎（*Paramachairodus*），此后有一段化石空缺；最早的巨颏虎化石发现于距今 450 万年前的北美洲，在亚欧大陆出现的时间要晚一些。不过，近年又在非洲发现了距今 700 万年前 ~570 万年前的巨颏虎化石，看来它们应该是非洲起源的。可惜的是，除了在法国塞内泽发现过一具近乎完整的骨架，其他地区的巨颏虎化石大多比较零碎。

作为一种中型猫科猛兽，巨颏虎应该像豹一样过着隐秘的独居生活，这可能也导致了它的化石稀少。它们还可能会爬树，并把吃不完的猎物拖到树上，免遭其他猛兽抢夺。

搏击高手

通常认为，剑齿虎类的"剑齿"主要用来对付大型动物。但早期剑齿虎类以及生存年代更早的两类剑齿食肉动物——猎猫科（Nimravidae）和巴博剑齿虎科（Barbourfelidae）中的一些成员，甚至比巨颏虎体型还小，对付野猪、犀牛、大象几乎不可能。在今天的猫科动物中，以身体比例而言拥有最长上犬齿的云豹，就主要捕食小动物。

近年研究表明，剑齿虎的剑齿并非挑战大型猎物的产物，而是代表了一类特殊的猎食技

在更新世时期，非洲和亚欧大陆的稀树草原变得越来越"稀树"，难以给巨颏虎提供足够隐蔽空间。

能适应多种生态环境的巨颏虎，可能也拥有类似豹子一样的花斑，有利于伪装。

巨颏虎的上犬齿长度可达17厘米，下颌还伸出"护叶"对其进行保护，下犬齿却很小。

巧。据测算，在史前各类剑齿虎当中，以身体比例而言上犬齿越发达的种类，前肢也就越粗壮。也就是说，"剑齿"和肌肉发达的颈、肩、前肢是协同演化的，在捕食中缺一不可。巨颏虎，就是这种"长剑"配"重拳"的典型。

在捕食中，巨颏虎很可能靠埋伏，接近猎物时猛然扑出，先用强壮的前肢和利爪推倒猎物，奋力将其压在身下，然后颈部发力，精确瞄准猎物喉部，用剑齿划开动脉和气管，给猎物快速放血使其断气。比起狮、虎、豹紧咬猎物口鼻或喉咙使其窒息的方式，巨颏虎的捕猎方式更快速、更安全，能减少受伤几率。

冤家与对头

巨颏虎的"秒杀"能力还有一个作用：当时大中型猛兽的种类比现在多，捕食者之间的竞争更激烈。"秒杀"能让它们尽快获得食物，抓紧多吃几口并把剩下的猎物及时藏起来。

亚欧大陆的巨颏虎，猎物可能包括中到大型的马类、鹿类，而非洲的巨颏虎可能捕食羚羊、猪类更多一些。巨颏虎往往不能安心享用猎物，毕竟它们面对同时代的大型剑齿虎类竞争者——锯齿虎。除了食肉兽，冰河时代的原始人类或许偶尔也会团结协作，上演"虎口夺食"的把戏。

巨颏虎也不是软弱可欺的，有研究者曾对南非一些距今250万年前的巨颏虎牙齿化石进行化学分析，发现其中的稳定同位素碳13含量明显小于其他猛兽，而原始人类正是以碳13含量较低的树叶、水果为食。或许在激烈的竞争中，至少一些地区的巨颏虎转向以灵长类为主食，南方古猿、匠人和直立人可能都曾是它们的盘中餐。在中国，泥河湾巨颏虎（*M. nihowanensis*）和意外巨颏虎（*M. inexpectatus*）的化石也曾与直立人化石一同被发现。

凶兽败退

距今150万年前~50万年前，巨颏虎先后从非洲、欧洲和亚洲消失了。更新世的气候变幻，食草动物种类的变动，可能会让它们难以适应；尤其是在气候变冷变干的时期，森林、林地大量被开阔草原取代，巨颏虎既难以隐蔽伏击，又难以找到藏匿猎物的树木，渐渐丧失了生存空间。与此同时，原始人类的竞争能力越来越强，进一步对它们形成了排挤，它们就这样一步步走向灭亡。

尽管巨颏虎没能挺到冰河时代的最后，但进入新大陆的一支巨颏虎却繁衍出了更强悍的子孙，延续了它们的血脉，这就是剑齿虎家族中名气最大、剑齿最发达、在更新世美洲扮演重要角色的刃齿虎。

包括蓝田人、"北京人"在内的直立人，在冰河时代可能曾被巨颏虎捕食。

西瓦猎豹

档案：西瓦猎豹

拉丁学名：*Sivapanthera*，含义是"西瓦地区的豹"

科学分类：食肉目，猫科

身高体重：体长 3 米，肩高 1~1.2 米，体重 90~120 千克（帕尔丁尼西瓦猎豹）

体型特征：身材瘦高似猎豹，但比猎豹大

生存时期：上新世至更新世（距今 400 万年前~50 万年前）

发现地：亚洲、欧洲

生活环境：草原、山地

初夏的北方大草原，浩浩荡荡的黄羊群从远方来到繁殖场，几周后这里到处都是活蹦乱跳的小羊。一头饥肠辘辘的巨西瓦猎豹看在眼里，悄悄靠近，闪电般冲向河边的一对黄羊母子……快要追上时，母黄羊突然带着小羊跳进了河里。巨西瓦猎豹随即也跃入水中，却不料一个趔趄差点滑倒，呛了好几口冰凉的河水，只好停住脚步扭头返回。

临夏西瓦猎豹头骨。

亚洲的猎豹

今天非洲大草原上的猎豹，奔跑时速可达110千米，是陆地上的赛跑冠军。不过猎豹不只属于非洲，直到一百年前，西亚、南亚的许多地方都曾有过猎豹的足迹，今天伊朗北部山区仍有少数野生猎豹。而在数百万年前，亚洲尤其是中国北方才是猎豹的分布和演化中心，其中一支猎豹群被称为西瓦猎豹。

从身体结构上看，西瓦猎豹和今天的猎豹极为相似，只有一些细微不同。大多数西瓦猎豹的体型大于现代猎豹，如临夏西瓦猎豹（S. linxiaensis）从头到尾约长2.2米，肩高近1米；巨西瓦猎豹（S. pardinensis，又译帕尔丁尼西瓦猎豹、豹斑西瓦猎豹）体长可能超过3米、肩高1.2米，几乎和东北虎相仿。由于西瓦猎豹和猎豹同样是瘦高身材，因此应该比狮、虎轻盈得多，即便是巨西瓦猎豹也不会超过120千克重。

实际上，由于西瓦猎豹和猎豹实在太像，许多学者认为它们压根就是同一个属，只是在物种一级上有所区别。但中国学者一般仍认为西瓦猎豹是个独立属，而史前亚洲北部的猎豹类大多都是西瓦猎豹。

更快，更快，更快

过去的分类学家把猎豹单列为一个"猎豹亚科"，但近年的DNA分析表明，猎豹和美洲狮的亲缘关系非常接近，应该和美洲狮一样属于"猫亚科"。尽管猎豹跟豹差不多大，但它们的舌骨完全骨化，只能发出类似小猫的喵呜声，而舌骨是软骨的狮、虎、豹等豹属成员则可以发出骇人的吼叫声。

根据DNA分析结果，大约距今500万年前，早期的猎豹从北美洲进入亚洲，与同族兄弟美洲狮、北美惊豹分道扬镳，演化为猎豹和西瓦猎豹。距今约350万年前，现生种的猎豹才在非洲出现。

与其他猫科动物不同，猎豹类为了快速奔跑，身体结构发生了高度特化：其四肢细长，脊椎富有弹性，躯干柔韧灵活，可以轻松迈出大步；长尾巴能灵活摆动，跑动时能保持身体平衡；脑袋较小

猎豹大表哥

西瓦猎豹（尤其是巨西瓦猎豹）的大块头，可能来自它们生活的寒冷环境。按照生物演化的一般法则，同类动物生活在寒冷地区的种类往往更大一些，这有助于保持体温。由于西瓦猎豹需要快速奔跑，它们身上可能没有太多脂肪，保温任务交给了厚实的皮毛。

既然身体结构接近，西瓦猎豹应该也能像今天的猎豹一样疾驰如风。有观点认为，身高腿长的巨西瓦猎豹，甚至能够跑得更快（就像身高1米96的百米飞人博尔特）。西瓦猎豹的猎物或许不仅包括小型瞪羚、野兔等，成年的中型羚羊、野山羊甚至野马、野驴也会包括在内。由于化石比较零散，温带草原的食草动物密度又不如热带草原，因此西瓦猎豹可能比现生猎豹还要孤僻，很少结成小群，而是过着隐秘的单身生活。

今天中亚草原上的蒙原羚（俗称黄羊），奔跑速度丝毫不逊色于非洲的瞪羚，它们可能是当年西瓦猎豹的重要猎物。

除了瞪羚和大中型羚羊幼仔，今天的非洲猎豹还会经常捕捉野兔、珍珠鸡等小型动物，这就减少了与其他猛兽的食物竞争。

较圆，减少阻力；鼻腔宽阔，方便剧烈呼吸；就连爪子也为了增强抓地力，无法完全收入爪鞘，渐渐被磨钝。

即便如此，今天的猎豹每次捕猎时，全力奔跑的极限距离也不超过500米，否则就会身体过热、体能耗竭。此外，猎豹奔跑时的转向能力，也不如它的猎物瞪羚。或许正因为这些缺陷，使得猎豹和瞪羚在长期的共同演化中，达到了某种平衡。

艰难的竞争

在今天的非洲草原上，猎豹的捕猎成功率仅次于非洲野犬排名第二。但它们碰到狮群、斑鬣狗群时往往毫无还手之力，经常被迫把猎物拱手相让。猎豹在获得超快速度的同时，也牺牲了力量和爪牙，它们每次成功捕获猎物后都筋疲力尽，无力与其他猛兽抗衡。

生活在上新世、更新世的西瓦猎豹，面临的挑战甚至更多，周围各种剑齿虎类、鬣狗类、熊类、犬类，哪个都不是好惹的主。哪怕是巨西瓦猎豹，在这些家伙面前也是个弱者，而且由于猎物相近，西瓦猎豹与其他猛兽的正面竞争更加激烈。较高的捕猎成功率，是它们的生存法宝。

多灾多难

近200多万年来，北半球的气候、环境多次剧变，猎豹类在残酷的自然选择中逐渐凋零。亚欧大陆北部的西瓦猎豹在中更新世消失了，只有温暖地区的现代猎豹存活了下来。

在距今最近一次冰期中，猎豹再次遭受重大打击，一度只剩下很小的种群，今天地球上的所有猎豹都是其后代，遗传基因高度单一。到21世纪初，只有东非、南非和伊朗的少数保护区内还能看到野生猎豹。虽然目前保护猎豹的努力困难重重，但只要更多人能够觉醒，这种迅捷的猫科动物还将与我们一起共存很长时间。

巨西瓦猎豹复原图。国外许多古生物学家认为，它很可能和今天的猎豹是一个属。

今天的非洲猎豹，雄性常常结成两三只甚至更大的小群，捕猎时相互配合并共同保护猎物。但没有证据表明西瓦猎豹也会这样。

硕鬣狗

草原上，一头孤零零的雄性短吻硕鬣狗伫立观望。几天前它被本群的新"女王"赶了出来，此时已经独自游荡了三天，饥饿难耐。突然它发现附近有另一群硕鬣狗正在大吃大嚼，便腆着脸奔上前去，摆出一副友好恭顺的表情。看到这个不速之客，这群硕鬣狗纷纷靠近打量，试探性地连吼带咬，看看它适不适合作为新同伴……

档案：硕鬣狗

拉丁学名：*Pachycrocuta*，含义是"厚重的斑鬣狗"

科学分类：食肉目，鬣狗科

身高体重：体长2米，肩高1米，体重100~200千克

体型特征：体大如狮，身体粗壮，头颅短而厚重

生存时期：上新世至更新世（距今300万年前~50万年前）

发现地：亚洲、欧洲、非洲

生活环境：草原、林地

最大的鬣狗

今天非洲草原上的斑鬣狗，体型不输于狼，强大的臼齿能碾碎骨头，结成大群时就连狮群都要躲着走。在冰河时代早期，还有更可怕的鬣狗游荡在亚欧非三大洲，这就是硕鬣狗。

在北京直立人（*Homo erectus pekinensis*）化石的发现地——北京西郊的周口店龙骨山，出土了至少 2000 多具硕鬣狗化石。这些中华硕鬣狗（*P. sinensis*）身长近 2 米，肩高 1 米，光头骨就有 35 厘米长，体重有 100~150 千克，几乎与狮子差不多，是现代斑鬣狗的 2 倍多。非洲、西亚和印度的短吻硕鬣狗（*P. brevirostus*）甚至更大，有些个体可能超过 200 千克重。

与斑鬣狗相比，硕鬣狗不仅个头大出几圈，而且头骨高高隆起呈半球形，和强壮的脖颈、肩膀共同附着大量咬肌，使它们拥有超乎寻常的咬力，能轻而易举地啃碎骨头、吞食骨髓。硕鬣狗的四肢短而粗壮，适合撕开尸体的皮肉。

鬣狗是一类古老的食肉动物，大约出现于距今 1000 万年前的晚中新世，并逐渐分化为适合多种生态位的类型。硕鬣狗是向"噬骨型"演化的高峰，也是有史以来最大的鬣狗科成员。尽管在晚中新世的中国西北，还有过体重可达 380 千克的巨恐鬣狗（*Dinocrocuta gigantea*，又译巨鬣狗），但后者属于中鬣狗科，不是真正的鬣狗。

硕鬣狗 *vs* 直立人

一种传统说法是，"北京人"等直立人学会了用火，从而打败了鬣狗、剑齿虎等猛兽。然而越来越多的证据表明，在争夺山洞的斗争中，他们并不总是胜者。

其实，目前直立人已不再被视为我们的祖先，他们只是一个距今约 200 万年前分化出来的古人类旁支，平均脑容量至少比我们小三分之一。包括龙骨山在内的许多直立人的"捕猎遗址"，动物尸骨上往往既有猛兽的牙印，又有人类石器的

超级清道夫

经过多年研究，斑鬣狗如今已经被科学家们"洗白"，不再被视为只会吃尸体的丑角，纪录片中常能看到它们捕杀斑马、羚羊的场面。但硕鬣狗的身体结构比斑鬣狗笨重得多，不适合快速奔跑，咬杀用的犬齿也不发达，因此可能是食腐为主、捕猎为辅。

科学家们推测，硕鬣狗凭借体型、数量的双重优势，足以从其他猛兽口中夺食，既是"强盗"又是"清道夫"。由于腿短不便长途跋涉，硕鬣狗可能会跟踪秃鹫，或通过出色的嗅觉、听觉找到尸体。

硕鬣狗的大块头还有个优势，那就是更好地保持体热，单位体重下的食物需求比斑鬣狗少，更能忍饥挨饿。这对硕鬣狗的食腐生活很有帮助，

周口店猿人遗址展出的中华硕鬣狗骨架，它们是凶悍的掠食者，对早期人类构成严重的威胁。

短吻硕鬣狗粗短、高高隆起的头骨形状，可以提供强大的咬力。

现代斑鬣狗的捕猎能力很强，但硕鬣狗可能是真正的"食尸鬼"。

痕迹，且石器痕迹总是位于牙印之上。这样看来，直立人能吃上肉，大多要靠从猛兽口中巧取豪夺，而非自己捕猎。也就是说，直立人是硕鬣狗的竞争者。

在原野上，直立人与硕鬣狗会尽量避开对方，以免两败俱伤，但洞穴却是稀缺资源。以龙骨山洞穴为例，这里可能是由直立人、硕鬣狗或其他猛兽"轮流坐庄"。直立人有时在火把、石器的帮助下把硕鬣狗赶走，而月黑风高的夜晚和让人难以忍受的寒冬，又是硕鬣狗反扑的好时机。

在寒冷时期，硕鬣狗可能会经常将猎物带回洞穴，其中或许就包括直立人的尸骸。

毕竟"霸王餐"不是随时随地都有的。

周口店食人兽？

在距今数十万年前的中国华北，中华硕鬣狗是当时最强大的食肉动物，巨颏虎、豹、狼等其他猛兽在它们面前都不占优势。当时这里的大型食草动物数量众多，此外还有一个变量——北京直立人。

研究者们很早就注意到，"北京人"化石中的头盖骨远多于面部和四肢骨骼，上面的破缺、伤痕也十分可疑，被认为可能是同类相食所致。通过扫描失踪"北京人"化石的石膏模型及后来发掘的少量化石碎片，一些化石上确实显示了石器切割的痕迹，可视为"人吃人"的证据；而另一些化石上却留下了鬣狗犬齿的咬痕、前爪的抓痕，甚至被强大臼齿啃过后吐出的痕迹。

看来最好不要还原当时的情景：狮子般大小的硕鬣狗扑倒了一个直立人，并用强有力的大嘴啃掉其整张脸，然后它掀开头盖骨……

"北京人"头盖骨模型。

食尸者退场

从温热的非洲老家到冷暖无常的东北亚，直立人与硕鬣狗之间不知曾发生过多少故事。距今80万年前，硕鬣狗在欧洲和非洲已趋于灭绝，只是在中国华北又多撑了一段时间。

在中更新世这几十万年中，地球经历了多次气候剧变，食草动物的数量、种类也发生了较大波动，剑齿虎类也随之灭绝，使硕鬣狗失去了重要的腐尸来源和"抢劫对象"。与此同时，鬣狗同门中还出现了一个后起之秀——斑鬣狗。斑鬣狗体型较小，却更擅长主动捕猎，或许正是它们将硕鬣狗排挤到无路可走。

至于硕鬣狗的老冤家直立人，他们同样没能笑到最后——除了在东南亚有些岛屿上残存到晚更新世，直立人也在距今约20万年前消失了。他们可能是因为没能抗住冰期的寒冷，或是被其他更聪明、更适应环境的古人类取代。

以食腐为主的硕鬣狗，在频繁气候变化中遭遇重大打击，终于一蹶不振。

洞斑鬣狗

档案：洞斑鬣狗

拉丁学名：*Crocuta crocuta spelaea*，含义是"洞穴中的斑鬣狗"

科学分类：食肉目，鬣狗科，斑鬣狗属，斑鬣狗种

身高体重：体长1~1.8米，高1米，体重100千克

体型特征：体型类似今天非洲的斑鬣狗，其脑袋短而宽，耳朵大，身体强壮，四肢有力

生存时期：中新世至更新世（距今150万年前~1万年前）

发现地：欧洲、亚洲

生活环境：平原、稀疏林地

　　法国南部的山区，两只洞斑鬣狗正猫着腰躲在草丛中，它们目不转睛地望着不远处一个山洞的洞口。几个披着兽皮拿着长矛的尼安德特人从山洞中走了出来，他们嘴中发出"啊呜"的声音交流着。为了不被发现，洞斑鬣狗低下身体继续观察。这两只洞斑鬣狗其实是族群的侦察兵，它们会将发现告诉其他洞斑鬣狗。当夜幕降临时，大群的洞斑鬣狗会鬼叫着向洞穴中的尼安德特人发动攻击，将其赶尽杀绝。

洞斑鬣狗的复原模型，可以看到它的身上有斑点。

人的咬合力，颌骨闭合时的力量可达 600 千克。洞斑鬣狗的脖子较粗，身体坚实，由于它们的上半身比下半身大，因此站立时身体向后倾斜，这与大部分哺乳动物不同。洞斑鬣狗的四肢健壮，能够更好适应多变的地形。得益于远古人类留下来的岩画，我们了解到洞斑鬣狗全身长有蓬松的黄棕色毛发，上面点缀着褐色斑点。

洞斑鬣狗的发现

很早之前，人们就在欧洲中西部的山脉洞穴中发现了洞斑鬣狗的化石，关于这些化石的最早描述始于 18 世纪。1737 年，德国人孔德曼（Kundmann）创作的自然艺术集第一次描述了洞穴中的化石，不过他误认为化石是属于土狼的。19 世纪初，法国著名学者居维叶在研究了来自欧洲各地的化石后发现这种动物与斑鬣狗很像，而且个头上要更大一些。1812 年，居维叶给这种居住在洞穴中的鬣狗起了一个很贴切的名字——洞斑鬣狗（*Crocuta crocuta spelaea*），俗称"Cave hyena"。

洞斑鬣狗属于食肉目，鬣狗科，斑鬣狗属，斑鬣狗种，其生存范围非常广阔，横跨了整个欧亚大陆，从太平洋沿岸的中国北部直到大西洋沿岸的西班牙和英国。洞斑鬣狗出现于距今 150 万年前的中更新世，至距今 1.1 万年前灭绝。

复杂的群体

由于食物相对稀少，生活在亚欧大陆北部的大型食肉动物很少成群活动，不过洞斑鬣狗却是个例外。洞斑鬣狗一般会组成 5~30 只不等的永久性社会群体，群体首领由一只雌性来担任。与今天的斑鬣狗一样，洞斑鬣狗的群体应该也有明确的等级关系，其中雌性成员的地位最高，幼崽次之，成

斑鬣狗中的大块头

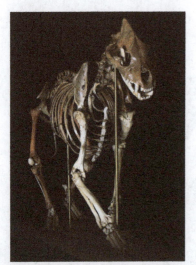

法国图卢兹博物馆中的洞斑鬣狗骨架。

与生活在非洲的近亲斑鬣狗相比，洞斑鬣狗的体型更大，其体长 1~1.8 米，肩高近 1 米，体重达 100 千克，明显大于斑鬣狗。与今天的斑鬣狗一样，洞斑鬣狗也是雌性比雄性要大，表现出明显的"两性异形"。

洞斑鬣狗的脑袋较大，面部较短，一双大眼睛显示出其具有良好的视力。洞斑鬣狗的犬齿不锋利，臼齿却大而结实，具有惊

今天正从狮子嘴中抢食的斑鬣狗，洞斑鬣狗应该具有相似的群体行为。

洞斑鬣狗的食谱

洞斑鬣狗是积极的捕食者，它们经常把猎物的尸体带回洞穴中享用，在洞穴中积累了厚厚的尸骨层，这些骨头让我们更了解洞斑鬣狗的食性。从尸骨层中骨骼的种类和数量上看，洞斑鬣狗的主要猎物是野马，几乎占了其食物来源的一半。而在更靠北方的洞斑鬣狗食物中，巨大的披毛犀和驯鹿占的比重更大一些。除了常见的食物外，洞斑鬣狗可能还会捕食野牛、马鹿、大角鹿、山羊等动物。在洞斑鬣狗生活的洞穴中，人们不但发现了食草动物的骨骼，还找到了像洞熊、洞狮等大型食肉动物的骨骼。研究人员认为这些大型食肉动物是在死后被洞斑鬣狗吃掉的，它们在活着时遭到洞斑鬣狗攻击并被杀死的可能性并不是很大。洞斑鬣狗不但吃肉，而且还会碎骨吸髓，也因此成为破坏骨骼的罪魁祸首。

洞斑鬣狗的头骨化石，可以看到它们口中发达的白齿。

年雄性的等级最低。洞斑鬣狗的社会行为非常复杂，它们会发出不同的叫声或做出不同的姿势来代表自己的地位、状态，这有别于常见的食肉动物。

在灵仙洞中发现的史前斑鬣狗头骨，上面还留有泥土。

灵仙洞中的斑鬣狗

2006年12月，人们无意间在河北省秦皇岛灵仙洞中发现了斑鬣狗的化石。得到消息后，古生物学家金毅来到灵仙洞，在两次发掘中研究人员共发现了50多个头骨以及多具几乎完整的骨骼化石，这些化石都是属于与洞斑鬣狗同期的最后斑鬣狗的。灵仙洞中的斑鬣狗化石保存之多，在世界上都是非常罕见的，对这些化石的研究为我们了解中国的斑鬣狗与欧洲洞斑鬣狗、非洲现生斑鬣狗之间的系统发育关系，借此推断斑鬣狗的起源、迁徙扩散提供了重要的材料。

洞斑鬣狗的灭绝

成群出没、生性凶猛的洞斑鬣狗曾经遍布欧亚大陆，但在距今1.1万年前它们却全部灭绝了。古生物学家起初将洞斑鬣狗的灭绝归结于气候变化，气候变化的确影响了洞斑鬣狗的生存，但是与其同时代的野马、野牛、鹿、山羊等动物却活了下来，因此仅仅用气候来解释洞斑鬣狗的灭绝是不够的。

就在气候变化之前，洞斑鬣狗已经开始面对两种快速崛起的竞争者：一种是狼，另一种是人。其实早在尼安德特人时期，为了争夺洞穴，人类就与洞斑鬣狗爆发了激烈冲突，而这种冲突一直没有停止过。研究显示，在距今2万年前，洞斑鬣狗的数量开始下降，并且随着冰河时代的结束全部灭绝。

在法国玛德莲发现的洞斑鬣狗雕刻，其外形非常逼真。

洞熊

重重的雾气笼罩着罗马尼亚的山区，寒冷的风不时扫过陡峭的崖壁。在石壁之间隐约可以看到一个山洞，狭窄的洞口后面是无边的黑暗，给人带来一种莫名的恐惧感。黑暗的洞中突然飘出白色的水汽，一头强壮的洞熊慢慢从洞中走了出来，它身材高大，身披厚毛，一点也不惧怕寒冷。洞熊伸出长长的舌头舔了一下鼻子，然后摇晃着身体向森林中走去，新的一天开始了。

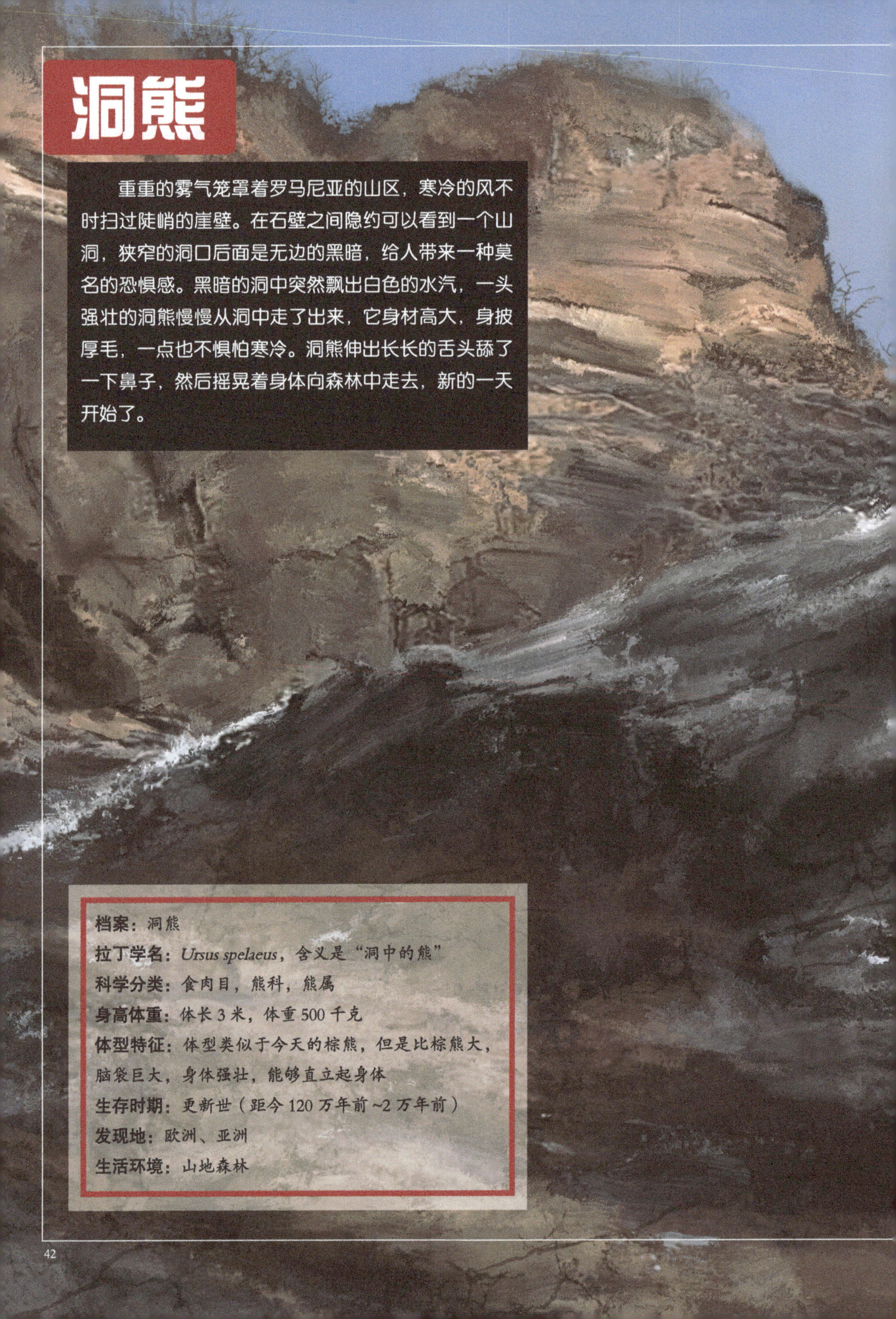

档案：洞熊

拉丁学名：*Ursus spelaeus*，含义是"洞中的熊"

科学分类：食肉目，熊科，熊属

身高体重：体长3米，体重500千克

体型特征：体型类似于今天的棕熊，但是比棕熊大，脑袋巨大，身体强壮，能够直立起身体

生存时期：更新世（距今120万年前~2万年前）

发现地：欧洲、亚洲

生活环境：山地森林

洞熊的发现

在很久之前，人们就在欧洲阿尔卑斯山脉的洞穴中发现了大量奇特的骨骼，但是没人知道这些骨头属于什么动物。起初人们认为这些骨骼属于龙、独角兽、猿、

约翰·克里斯蒂安·罗森穆勒，洞熊的命名者。

犬科动物或是猫科动物，最后德国学者约翰·弗里德里克·埃斯珀（Johann Friederich Esper）确认骨架属于北极熊。1744年，埃斯珀在书中首次描述了这种未知的四足兽化石。直到50年后的1794年，莱比锡大学的解剖学家约翰·克里斯蒂安·罗森穆勒（Johann Christian Rosenmüller）将这种动物正式命名为洞熊（Ursus spelaeus）。

洞熊与今天生活在地球上的棕熊、美洲黑熊、亚洲黑熊、北极熊同属于熊属，是熊属中体型最大的成员之一。研究显示，早在距今120万年前，洞熊就与棕熊、北极熊分开，成为独立的物种了。

活在旧大陆

洞熊的生活范围遍布整个欧洲，并向东延伸至高加索山脉和伊朗北部，不过主要还是集中在欧洲。发现洞熊化石最密集的地区包括西班牙北部、瑞士、德国南部、意大利北部、克罗地亚、奥地利、

冬季的喀尔巴阡山脉，这里曾经是洞熊的家园。

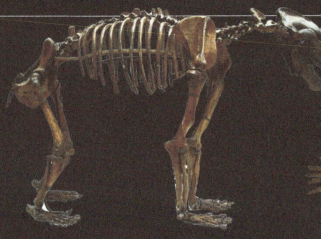

洞熊骨架具有典型的食肉动物的特征。

匈牙利和罗马尼亚。1983年，古生物学家在罗马尼亚的一个洞穴中就发现了140头洞熊的化石。

虽然在中南欧有大量发现，但在北欧却没有发现过洞熊的化石——这个地区在冰河时代被厚厚的冰川覆盖，无法为洞熊提供适宜的生存条件。在中国著名的山顶洞遗址中曾经报道过有洞熊化石发现，不过关于其有效性并没有认真讨论过。

洞中巨无霸

洞熊并不像以往科普文章所称的那样是最重的熊，其体重达到1吨。实际上，洞熊的个头、体重与今天的棕熊差不多，成年雄性洞熊的平均体重在500千克左右，雌性洞熊的体重只有雄性体重的一半。最大的洞熊体重可达800千克，与最大个体的棕熊和北极熊相差不大。洞熊的外形与棕熊相似，脑袋巨大，身体壮硕，四肢粗壮有力，全身覆盖着浓密的毛发，站立起来时高度超过3米。

别看洞熊块头大，它们的平均寿命却只有20岁。自然界中的洞熊经常会受到病魔侵袭，化石表明许多洞熊生前曾患有蛀牙、肿瘤、骨髓炎、骨膜炎、佝偻病等多种疾病。

素食还是肉食

以往对洞熊头骨和牙齿的研究，显示它们可能比今天的熊更偏重植食，因此很多科普作品都把它们描述为喜好嫩草、草根、草莓类植物，偶尔抓些小动物、吃点腐尸打打牙祭。难道外形凶悍，

长有巨大牙齿和锋利爪子的洞熊，真的是憨厚的素食主义者？

来自罗马尼亚的洞熊化石颠覆了之前的理论，在喀尔巴阡山脉西南部发现的骨骼化石中显示洞熊体内的氮-15含量很高，这是食肉动物的典型特征。看来洞熊并不是什么温顺的素食者，它们会扮演凶猛的猎人，食谱以肉类为主，只是偶尔吃点草罢了。研究人员推测，洞熊不仅捕食食草动物，也不介意杀死遇到的狼、洞狮，甚至是人类。

洞穴争夺战

洞熊的名字正是来自于其生活在洞穴中的习性。在寒冷的冰河时代，洞穴是遮风挡雪的好地方。洞熊主要生活在欧洲低海拔山区，因为那里有很多石灰岩洞穴。不仅洞熊明白洞穴的好处，我们的祖先也同样明白这一点，为了获得更好的居住环境，洞熊与原始人类爆发了激烈的洞穴争

展示原始人类与洞熊搏斗的艺术画。在与洞熊的战争中，人类也付出了惨重的代价。

夺战。研究发现一些洞穴曾经被洞熊和人类交替占领过，那时的情形应该是这样的：冬季，人类会杀死或赶走那些正处于冬眠状态下身体虚弱的洞熊，占领洞穴；春季，结束冬眠恢复体力的洞熊又会回来夺回洞穴。熊与人围绕着洞穴的战争不知道进行了多少年，但可以确定的是，人类成了最终的胜利者。

站立姿态的洞熊骨架。

洞熊的消失

洞熊消失于距今2万年前，是冰河时代末期灭绝的第一批大型哺乳动物。关于它们的灭绝有许多说法，其中人类猎杀被认为是主要原因。前面提到，因为争夺洞穴的原因，人类已经与洞熊结下了"深仇大恨"，十几万年前的尼安德特人就已经开始猎杀洞熊。当更具智慧的现代智人出现后，擅长用火和使用先进工具的他们更是对洞熊大肆杀戮。当时的猎人会以杀死洞熊为荣，他们甚至在洞穴岩画中留下了捕猎时的情景。在欧洲许多留有人类活动遗迹的洞穴中，都发现了洞熊的化石，上面还有矛头留下的伤痕。

原始人留在洞穴岩壁上的洞熊绘画，寥寥几笔勾勒得惟妙惟肖。

除了人类猎杀，关于洞熊灭绝的原因还有另一种观点——冰期进入高峰时的气候变化，将森林逐渐变成草原，使得洞熊失去了赖以生存的家园，食物的缺乏将洞熊推向死亡的边缘。或许洞熊的灭绝并不是单一原因造成的，是多种因素综合作用的结果，但是无论如何，这种巨兽就这样消失了，只在洞穴中留下了大量的骸骨。

剑齿象

树叶在秋风中纷纷凋落，淮南地区即将迎来入冬时节。一头东方剑齿象孤独地徘徊在湖边，准备在南下之前再好好大吃几顿。这头忙着进食的大公象，只顾在浅滩中拔起芦苇，毫不在意身边的一群水禽 —— 它们也正在前往温暖南方的旅途中。等过几天大象和鸟儿们离去后，这里将迎来一个寂静的冬天。

档案：剑齿象

拉丁学名：*Stegodon*，含义是"屋脊般的牙齿"

科学分类：长鼻目，剑齿象科

身高体重：体长 8 米，肩高 3.8～4.3 米，体重 9～10 吨

体型特征：高大粗壮，长牙发达且基部很近，象鼻甩向一侧

生存时期：晚中新世至更新世（距今 600 万年前～1 万年前）

发现地：亚洲东部

生活环境：温暖森林

"黄河象" 改名记

在北京自然博物馆的古哺乳类展厅里，挺立着一具庞大的古象化石装架，它肩高3.8米，身长8米，一双巨牙长3.02米，其雄姿比起一旁的巨犀化石毫不逊色。这就是小学课本中提到的"黄河象"，它属于剑齿象家族的一员。

1973年1月，甘肃合水县的马莲河畔，修建水电站的工人们在挖掘河沙时，发现了一些大得惊人的骨骼。由于当地地质人员经验不足，起初把它们当成了白垩纪的恐龙化石。稍后专业人员赶来鉴定，才确定是距今300多万年前的古象。这些化石属于一头老年雄象，其体型之大、完整程度之高在象类化石中都属罕见，这头大象后来被命名为"黄河剑齿象"。

后来经过更进一步分析，研究人员认为它和1935年命名的师氏剑齿象没什么区别，应该就是同一种。根据学术命名法则，"黄河剑齿象"这个学名现在已经作废，不过依然可以俗称其为"黄河象"。师氏剑齿象的种名"师氏"是献给奥裔瑞典学者奥托·师丹斯基（Otto Zdansky）的，他曾于20世纪20~30年代与中国学者合作，在华夏大地上做了许多古兽、古人类化石的采集和研究工作，算是中国人民的老朋友了。

剑齿象（左）与古菱齿象（右）臼齿的对比，可见剑齿象的臼齿凸起更明显，不如后者比较平坦、适合研磨硬草。

1994年，陕西旬邑县又发现了另一具师氏剑齿象化石，复原装架后体长8.45米、肩高4.3米，比"黄河象"还要巨大，体重可能超过10吨。

长牙似剑，磨牙带棱

剑齿象最具视觉冲击力之处，当数它们粗长、弯曲、向前刺出的巨牙。有趣的是，这对长牙的末端朝两侧分开，基部却离得很近，几乎并在一起。在剑齿象活着的时候，不能像今天的大象一样把鼻子放在两颗长牙之间，而应该是把鼻子甩向一边！

其实"剑齿象"一名并非因为它们长牙如剑，而是由于它们咀嚼食物的臼齿上有一道道棱状凸起，仿佛屋脊高耸的房顶（类似地，恐龙当中剑龙的拉丁学名"*Stegosaurus*"直译就是"屋顶蜥蜴"）。这种牙齿比早期古象的牙齿更坚实、耐磨，但与真象类的亚洲象、非洲象以及猛犸象的高冠臼齿相比，剑齿象的臼齿齿冠相对较低，不适合研磨坚硬的干草，而适合以鲜嫩的树木、枝叶为食。根据食性判断，只要有剑齿象化石出土，就表明当时这个地区温暖湿润、森林繁茂。

剑齿象曾被认为是猛犸象、亚洲象和非洲象的祖先，但除了外表相似，剑齿象与现存象类在牙齿、头骨形态上还是有些区别的，应该没有特别近的亲缘关系。在分类上，剑齿象通常自成一科。

北京自然博物馆展厅里的"黄河象"化石装架，这具化石非常著名。

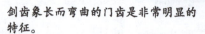

剑齿象长而弯曲的门齿是非常明显的特征。

温暖时代的遗民

剑齿象复原模型，它们曾经是中国南方最常见的大型动物。

喜爱湿热森林的剑齿象是冰河时代之前的古老"遗民"，它们最早出现在距今600多万年前的晚中新世，那时的黄土高原还十分湿润。此后数百万年间，全球气候逐渐变冷变干，然而亚洲南部依然保留了大片热带、亚热带森林，剑齿象的血脉也在这些地方延续下来。

实际上，剑齿象可以说是亚洲的特产动物，在非洲仅发现过少量有争议的牙齿化石。在更新世的中国南方，剑齿象和大熊猫、巨貘、巨猿等一起，构成了代表温暖森林生态的典型动物群。其中分布最广、化石最多、繁衍最久的是东方剑齿象（*S. orientalis*），它们肩高可超过3米，臼齿上的横脊增加到7~13道，可以比前辈们咀嚼更加多样的植物，是当时南方最常见的象类。直到距今约1万年前，最后一批东方剑齿象才销声匿迹，剑齿象一族在华夏大地上的辉煌历史也画上了句号。

登陆海岛变"迷你"

更新世冰期下降的海平面，将许多海峡变成了陆桥。今天日本列岛、印度尼西亚西部的大小岛屿以及中国的海南岛和台湾岛，当时都曾与大陆连在一起，剑齿象也随之"移民"过去。而到间冰期冰川融化、海平面回升，岛上的剑齿象就被困住了。

看似平静安详的岛屿生活，却仿佛魔咒一般，把剑齿象变成了侏儒。化石显示，冰河时代日本、印尼的剑齿象体型缩小，尤其印度尼西亚岛屿上的象大多肩高不足2米，相比大陆上的亲戚明显"缩水"，其中最小的松达剑齿象（*S. sondaari*）肩高不到1米，体重不到300千克，还没水牛大。松达剑齿象与后来出现的弗洛勒斯剑齿象（*S. florensis*，体重约850千克）都生活在印尼的弗洛勒斯岛上，这些"迷你版"的剑齿象被岛上的科莫多龙以及我们的近亲物种——"小矮人"弗洛勒斯人当成猎物。

大象上岛变小象，这属于生物演化的"岛屿侏儒化"现象：由于岛屿上生存资源有限，岛上的大型动物在自然选择下，其后代的体型往往在几十代之内，就会明显变小。矮种剑齿象以及"小矮人"的祖先，应该就是这么变矮的。

日本国立科学博物馆里的曙光剑齿象、东方剑齿象化石。由于生存资源有限，进入日本的剑齿象，在体型上逐渐"缩水"。

猛犸象

白茫茫的大地上，一头真猛犸象艰难地爬上了山坡，疲惫地停下来休息。迁徙途中，这头雌象因伤掉了队，所幸大难不死。连日独自追赶象群，让它感到腹中饥饿，弯曲的长牙此时派上了用场：拨开地面的残雪，露出大片已经干枯的草叶。接着它挥动长鼻卷起一丛丛干草，塞进嘴里大嚼起来。真猛犸象毕竟种性坚韧，不久之后雌象感到体力已恢复得差不多，于是又开始继续赶路……

档案：猛犸象

拉丁学名：*Mammuthus*，含义是"潜伏地下的兽"

科学分类：长鼻目，真象科

身高体重：肩高3米，体重6吨（真猛犸）；肩高4.5米，体重12吨（草原猛犸）

体型特征：体型高大，身披长毛，前肢较长，肩部和头骨高高隆起，长牙强烈弯曲（真猛犸）

生存时期：更新世（距今260万年前~1万年前，在弗兰格尔岛幸存到3700年前）

发现地：亚洲、欧洲、北美洲

生活环境：草原、苔原

地下有巨象

每年冰雪消融的时节，生活在西伯利亚的人们时常会发现，地面零星露出一些怪异的长牙、头骨，甚至连皮带毛的庞大身躯。多年来，他们一直认为这是来自地下深处的巨型怪物，并创造了种种可怕的传说。

直到 1728 年，终于有欧洲学者试图从科学角度来研究这种"怪兽"，此人就是当时英国头号收藏家汉斯·斯隆（Hans Sloane）。斯隆拿到一批化石后，很快辨认出这些是象类的牙齿。按当时的科学理论，斯隆无法解释为什么西伯利亚会有大象，只好用《圣经》里的"大洪水"搪塞过去，认为大洪水前的西伯利亚气候炎热。斯隆去世时，将他手中的猛犸象化石等 7 万余件藏品捐给了英国政府，后来的大英博物馆就是在这批藏品的基础上成立的。

斯隆之后整整一个世纪，研究者们一直没分清猛犸象和现代亚洲象的不同。就连大名鼎鼎的居维叶，也没有完全意识到它们的独特性。1828 年，终于有学者确认猛犸象是一个单独的属，其学名为"Mammuthus"。这个词的来源目前还众说纷纭，主流观点认为是来自爱沙尼亚语的"鼹鼠"一词（把露出地面的遗骸当成大地鼠）；也有说法认为这个名字是来自阿拉伯神话中的比蒙巨兽（Behemoth）。在整个 19 世纪，随着对冰河时代的地质研究越来越深入，猛犸象的真面目才逐渐被揭开。

时至今日，在西伯利亚、阿拉斯加的冻土地带，雨雪冲刷后仍时常会露出猛犸象的巨大象牙。

从热带走向寒冷

虽然总是与寒冷联系在一起，但是猛犸象一族的发端却起自哺乳类演化的重要竞技场——非洲大陆。已知最早的猛犸象化石来自距今约 500 万年前，它们很可能是从古菱齿象、亚洲象家族中分化出来的，与今天的非洲象关系较远。在当时非洲的众多象类中，猛犸象只是不太起眼的一员，但它们的舞台在更广阔的北方。

距今约 300 万年前，气候变冷导致海平面下降，猛犸象迎来了走出非洲的机会。第一批进入亚欧大陆的种类是罗马尼亚猛犸（M. rumanus），它们的足迹远至东欧和中国，其臼齿上只有 8~10 道齿脊，表明它们的生活环境仍然比较湿润。在此之后，猛犸象家族不断朝着适应干草原生活的方向演化，齿脊数量也逐渐增多，齿脊间的空隙还填满白垩质，愈加坚硬耐磨。与此同时，猛犸象的身躯也逐渐变大，在中国北方首先出现了肩高可达 3.6 米

我国内蒙古、黑龙江出土的"松花江猛犸"，如今已被确认和草原猛犸是同一个物种，肩高近 4 米。与真猛犸相比，草原猛犸的背部比较平缓。

猛犸象大草原

晚更新世时的气候，在西起法国、西班牙，东至"白令平原"和阿拉斯加，南到哈萨克斯坦、蒙古、中国东北的北半球中高纬度地区造就了一片寒冷、干燥的广阔地带。这里冬季寒冷，夏季凉爽，地下多为终年不化的冻土层，总体属于干草原—苔原生态。由于降雪量比现代苔原还少，地表积雪通常不会很厚，许多地区一年大部分时间都是草长繁茂，并夹杂些许低矮灌木和针叶林。真猛犸就是在这种环境里繁衍生息的，鼎盛时期种群数量至少有数百万头，而它们生活的这片土地也被称为"猛犸象大草原"。

寒冷干草原上的真猛犸象群，是晚更新世冰期最著名的一道景观。

至 4 米、拥有一对弯曲长牙的南方猛犸（*M. meridionalis*）。

在数十万年后的中国华北，又有一部分南方猛犸演化成了真正的"草原象"，并在中更新世淘汰了其他的南方猛犸，这就是猛犸家族中体型最大的草原猛犸（*M. trogontherii*）。草原猛犸的白齿已经比较适合啃干草，很可能还披上了一层较短的毛发，能适应比较寒冷的冰期气候。草原猛犸身高腿长，少数大个体雄象肩高可达 4.5 米甚至 4.7 米，弯曲的象牙可达 5.2 米长！在欧洲、中亚、西伯利亚、中国的内蒙古和东北华北地区

都发现了它们的化石，其中中国的草原猛犸在距今约 4 万年前才灭绝。还有一支草原猛犸进入了北美洲，占据了广阔的温带草原，成为另一种大型猛犸——哥伦比亚猛犸（*M. columbi*），它们的故事留待美洲篇再讲。

到了距今 20 万年前的晚更新世，一次又一次冰期肆虐，终于让猛犸象成为彻头彻尾的耐寒动物，俗称"长毛猛犸象"的真猛犸（*M. primigenius*）终于登场，它们也是猛犸象的典型形象，一般科普读物和流行文化里的"猛犸"就是指真猛犸。

真猛犸白齿，密集排列的齿脊可增强研磨能力。

全套抗寒装备

论体型，真猛犸在猛犸家族中并不算大，其雄性肩高达2.7~3.4米、体重6~7吨，只比今天的非洲象、亚洲象略肥壮些。但若论耐寒本领，真猛犸在有史以来的象类中可谓空前绝后，首屈一指。

一般说来，块头越大的动物，身体表面积相对身体体积的比值就越小，这有利于减少体热散失，保持体温。真猛犸虽比几种"前辈"个子小，可体态更为敦实、厚重，四肢短粗，皮下有厚厚的脂肪层，肩部还有脂肪堆积成的肩峰——不仅抗寒，还能在艰难时刻扛饿。

真猛犸最显眼的特征就是一身长毛，这里面可是颇有玄机的：真猛犸的毛其实分两层，外层的长毛粗糙厚实，可达90厘米长，能挡风雪；长毛之下，还有一层约8厘米长的细密绒毛，可帮助保持体热。不但是身上，就连真猛犸的四肢、足部、长鼻末端也都有毛发覆盖，以便在寒冷的地面行走觅食。

近年来对这些长毛的分析表明，真猛犸活着时的毛色也不尽相同，从棕褐色、棕黑色到姜色，甚至还有金色！在比较温暖的夏季，它们可能还会脱毛。

真猛犸的臼齿又大又硬，上面有多达30道齿脊，能像磨盘一样磨碎硬草。真猛犸的长牙比早期的猛犸象更弯曲，甚至拧成了螺旋形，这种形状可能有助于清除积雪、搜寻植物。雄象的长牙明显比雌象发达，可能也是求偶争斗、炫耀带来的性选择。

暖和才会饿死

绘画作品常常把猛犸象放在冰天雪地里，但这其实是真猛犸害怕的环境。大地银装素裹，费力掘开厚厚积雪才有一点点干草，怎么填饱肚子？说来也怪，恰恰是气候回暖的时期，让耐寒的真猛犸面临饥荒：气候回暖，冰川融化，大气更加湿润，雨雪增多，冬天常常满地积雪；湿润气候还有利于树木生长，会将大片草原转为森林，挤压真猛犸的生存空间。

距今约12万年前，一次全球温度上升的间冰期曾让真猛犸差点灭绝，它们只在高纬度的几小块地区残存。而在距今约1.2万年前，又一次冰川融化，这次它们就没这么好运了。此时人类几乎已遍布北半球，并掌握着高超的狩猎技巧，会毫不犹豫地猎杀猛犸象，食肉取

真猛犸骨架，虽然身躯并不特别巨大，但体型敦实，高度适应寒冷草原生活。

史前人类不仅把猛犸象作为"移动肉山"，还用它们的皮制作衣物、包裹，用象牙和象骨搭建房子。在猛犸象栖息地减少时，规模不大的持续猎杀也足以消灭它们。

皮。繁殖缓慢的真猛犸，在环境、人类的双重打击下，无可挽回地走上了末路。此时，只有北冰洋上的圣保罗岛、弗兰格尔岛，还各自护佑了一小群真猛犸继续繁衍，这些猛犸家族的最后遗存分别幸存到6400年前和3700年前。由于生存空间狭窄，最后的真猛犸亚种体型越发矮小，到灭绝时已不到2米高，种群也逐渐凋零。雄踞整个冰河时代的草原霸主猛犸象，最后却以如此凄惨的方式退场，不由令人唏嘘……

浴火重生？

在西伯利亚的冻土中，迄今仍埋藏着数以万计的猛犸象遗骸，其中许多是迅速陷入泥沼而死的，因此遗体得以被完整保存。除了开采象牙以保护现代非洲象，科学家们对这些猛犸遗骸还有更大的野心：利用这些遗骸上保存的DNA，克隆出活生生的猛犸象！毕竟，这些遗骸不仅有保存了皮肤、肌肉组织的"木乃伊"，有些冻尸内还保存了清晰可见的器官，甚至液态的血液，这看起来比克隆恐龙靠谱多了。

不过以现在的科技，从上万年前的遗体上提取完整的DNA仍然有点"科幻"，更不要说培育胚胎和找代孕象妈妈了。2012年，又传出俄罗斯、韩国的科学家将联合克隆复活猛犸象的消息，但直到2014年初仍未公布进展。一些科学家和环保人士也认为，在当今亚洲象、非洲象以及许多大型动物都高度濒危的情况下，投入大量资源复活猛犸象是一种浪费。或许在可预见的将来，人类都还没有准备好让曾经君临冰河时代的猛犸象重返这个世界。

许多猛犸象遗体看似保存完好，但内部细胞组织已经严重破损，而且即使西伯利亚的严寒也无法完全阻止DNA降解。

Магаданский мамонтенок
Mammuthus primigenius

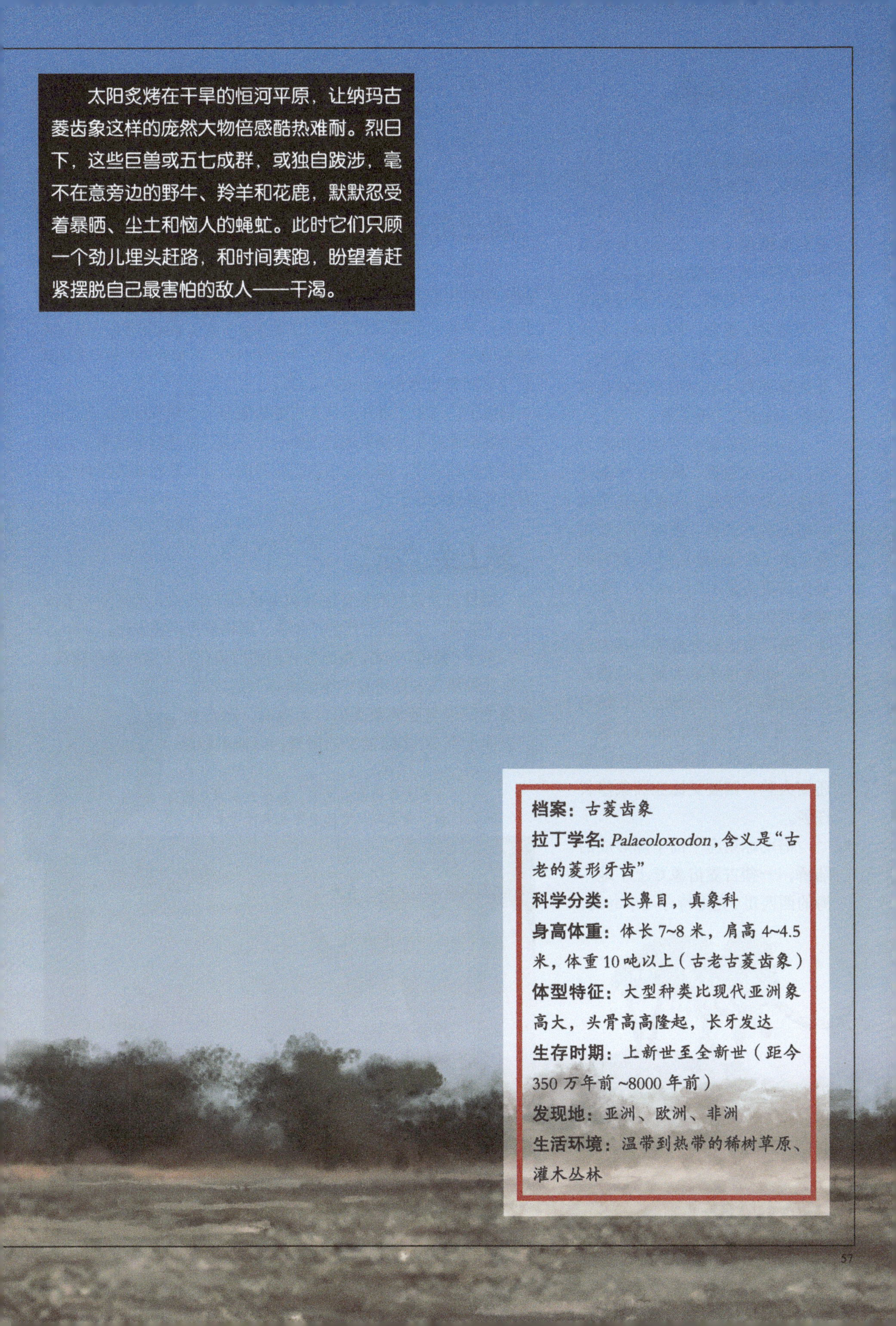

太阳炙烤在干旱的恒河平原，让纳玛古菱齿象这样的庞然大物倍感酷热难耐。烈日下，这些巨兽或五七成群，或独自跋涉，毫不在意旁边的野牛、羚羊和花鹿，默默忍受着暴晒、尘土和恼人的蝇虻。此时它们只顾一个劲儿埋头赶路，和时间赛跑，盼望着赶紧摆脱自己最害怕的敌人——干渴。

档案：古菱齿象

拉丁学名：*Palaeoloxodon*，含义是"古老的菱形牙齿"

科学分类：长鼻目，真象科

身高体重：体长 7~8 米，肩高 4~4.5 米，体重 10 吨以上（古老古菱齿象）

体型特征：大型种类比现代亚洲象高大，头骨高高隆起，长牙发达

生存时期：上新世至全新世（距今 350 万年前 ~8000 年前）

发现地：亚洲、欧洲、非洲

生活环境：温带到热带的稀树草原、灌木丛林

巨人与侏儒

许多人都知道，今天陆地上最大的动物是非洲象，其次才是亚洲象。亚洲象身材矮胖、象牙和耳朵短小，霸气程度似乎也较非洲象略逊一筹。之所以亚洲象的体型较小，主要原因是其生活的地区人口稠密，数千年来饱受人类捕猎、驱赶，种群早已大为衰退。不过在更久远的冰河时代，亚洲象还有一些更加高大雄伟的亲戚，这就是古菱齿象。

古菱齿象繁衍了将近400万年，化石在亚洲、欧洲、非洲许多地区都有发现，包括好几个体型相差甚远的种。欧洲的古老古菱齿象（*P. antiquus*）、非洲的瑞氏古菱齿象（*P.recki*），成年雄象可达4米多高，体重超过12吨，是"史上最大象类"有力竞争者。更新世华夏大地上的诺氏古菱齿象（*P.naumanni*）、纳玛古菱齿象（*P.namadicus*）等，肩高3~3.8米，比今天的非洲象还高大些，四肢更比亚洲象修长许多。

借助冰期海平面下降形成的陆桥，一些古菱齿象登上了地中海的西西里、克里特等几个岛屿，

DWARF MAMMOTH

克里特岛上的法氏古菱齿象（*P. falconeri*）骨架，研究者曾认为它们是某种小型猛犸。

甚至还有不到300平方千米的马耳他岛！到了间冰期，这些象又与大陆隔绝，在狭小的岛屿环境里独立演化，体型也比祖先大大缩水。岛屿象的肩高一般只有1~1.5米，真的是"迷你版"了。

表兄弟还是亲兄弟？

古菱齿象与亚洲象、非洲象的祖先存在千丝万缕的联系。早期它们曾被视为非洲象的祖先，但后来发现它们与亚洲象更为相似。由于

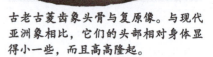

古老古菱齿象头骨与复原像。与现代亚洲象相比，它们的头部相对身体显得小一些，而且高高隆起。

太相似了，许多学者并不认为古菱齿象是一个单独的属，他们认为古菱齿象只是亚洲象属之下的一个亚属，算是近亲兄弟了。如果这个观点成立，那么就可以把所有的古菱齿象看成冰河时代的另外几种亚洲象了。

牙上生"花"

雄性古菱齿象的长牙比亚洲象壮观许多，2.5米甚至3米长的都不鲜见，比起同时代的剑齿象、猛犸象也不遑多让。

至于"菱齿"一名，是因为它们的臼齿化石上常有菱形花纹，这是牙釉质在长期进食中逐渐磨损而形成的。古菱齿象的臼齿与亚洲象类似，齿冠高，磨盘状的表面上有20多道低平的齿脊，以研磨粗糙

古菱齿象的白齿化石，与今天亚洲象的白齿十分相似，它的名字也来源于此。

由于长期捕猎形成了"人工淘汰"，今天拥有如此长牙的雄亚洲象已十分少见。

与现代亚洲象一样，古菱齿象应该也比较依赖水源。在欧洲、非洲冰期气候转向干旱时，它们可能因为难以适应而灭绝。

的草类。

为了附着发达的咀嚼肌，古菱齿象的头骨甚至比亚洲象更加高耸，就像个大脑门的老寿星。不过，几种大型的古菱齿象由于身躯庞大，不像今天的亚洲象显得脑袋那么突出。

耐热不怕凉

温暖的非洲大陆，是古菱齿象的起源之地。在 300 多万年前刚刚成形的东非草原上，瑞氏古菱齿象是最庞大的动物，而当时的非洲象只能栖息在林地边缘。

在更新世的东亚，除了黑龙江、吉林、西藏和海南，中国其他所有省市都留下了古菱齿象的化石，就连冰期时与大陆相连的台湾也不例外。还有一些古菱齿象，甚至进入了日本本州岛。

总体来说，古菱齿象比较喜欢温暖湿润的环境，常与水牛、麋鹿这些典型的南方动物一起生活；但它们不像剑齿象那样依赖森林，在夹杂林地、灌丛的开阔草原也能生活得很好。此外，古菱齿象还常去北方凑热闹，与披毛犀、原始牛这些寒冷地区的"居民"混在一起，只是不见于有猛犸象化石的地方。

看来，冰河时代亚洲东部的猛犸象、古菱齿象（及亚洲象）、剑齿象这三巨头，各有各的势力范围：剑齿象主要生活在热带、亚热带森林中，猛犸象是干冷草原、苔原上的骄子，而古菱齿象和亚洲象生活的地区大致介于两者之间。在欧洲，古菱齿象主要生活在较为温暖的间冰期，不如猛犸那么适应寒冷的干草原。

为何灭绝？

距今约 100 万年前，庞大的瑞氏古菱齿象开始从非洲消失，把"草原霸主"之位拱手让给了非洲象；距今 3 万年前，古老古菱齿象在欧洲大陆销声匿迹，只有西西里、克里特等岛屿上的"迷你象"坚持到了 8000 年前，跟中国的古菱齿象灭绝时间差不多。

古菱齿象曾经长期和亚洲象、非洲象的祖先一起生活，为何到冰河时代末期却没能挺住呢？非洲长期的干旱、欧洲在上一个冰期高峰时的严寒，都可能导致古菱齿象失去生存环境；在亚洲，更新世末气候转暖、森林扩大，加之人类活动的挤压，这一切使象类的生存空间逐渐向热带森林退缩，而高大的古菱齿象应该不如较小的亚洲象适应这种环境。至于那些体型还不如一头牛的岛屿象，它们在人类猎手面前实在太脆弱了……当然，古菱齿象的灭绝目前只能说是气候、环境加上人类活动共同作用的结果，真正原因还是一个未解之谜。

古菱齿象虽能生活在凉爽地区，但不如猛犸象适应干冷环境，身上应该没有厚厚的长毛。

板齿犀

温暖的阳光照射着西伯利亚南部广阔的平原，遍地的青草郁郁葱葱。在一片绿色之中，一头巨大的板齿犀正埋头吃草，它身上毛发的褐色与周围的绿色形成了鲜明对比。板齿犀身材壮硕，背上的隆起成为全身的最高点，随着脑袋左右摆动，它头顶上长而尖的大角也不停地活动着，那是力量与尊严的象征。

档案：板齿犀

拉丁学名：*Elasmotherium*，含义是"薄板野兽"

科学分类：奇蹄目，犀科

身高体重：体长5米，体重5吨

体型特征：体型类似于今天的犀牛，但比犀牛大很多，身体强壮，有一个特别长的角

生存时期：更新世（距今260万年前~5万年前）

发现地：欧洲、亚洲

生活环境：平原

板齿犀的发现

很久以前，人们就在广阔的西伯利亚发现了许多奇特的骨骼，其中一些被当时的俄国贵族收藏。女公爵达什科娃同样有收藏珍奇异宝的爱好，她曾经将自己收藏的一块巨大下颌骨赠予莫

板齿犀的命名者，德国生物学家约翰·费舍尔·冯·瓦尔德海姆。

斯科大学自然历史博物馆。时任博物馆名誉馆长的德国生物学家约翰·费舍尔·冯·瓦尔德海姆（Johann Fischer von Waldheim）注意到这块下颌骨上的臼齿与犀牛很像，而且外形如同板子一样，于是在1808年建立了板齿犀属（Elasmotherium）。

板齿犀属于奇蹄目犀科，主要生存于欧洲及亚洲西伯利亚的广大地区。板齿犀出现于距今260万年前的更新世初期，在距今5万年前全部消失。板齿犀生存的时代原始人类已经出现，它们曾经与我们的祖先长期共存。

独角巨兽

今天生活在非洲的白犀牛体长约3.8米，肩高1.8米，体重超过2.5吨，是除大象之外最大的陆生动物。不过与板齿犀相比，白犀牛真的是小巫见大巫啦。一头成年板齿犀的体长超过5米，肩高3米，

非洲的白犀，是今天体型最大的犀牛，但仍比板齿犀要小很多。

体重达到5吨，和亚洲象差不多，它是有史以来犀科中最大的成员。

板齿犀身形高大，其脑袋上的大角特别显眼，推测其长度足有2米。板齿犀的脑袋上只有一个角，这个角位于眼睛上方，也就是现代双角犀牛后面额角的位置。板齿犀额角的作用显而易见，是作为防御武器使用的，如果有什么动物敢冒犯它，它就会低下脑袋将角朝向对方。别看板齿犀外形笨重，它的四肢却比其他犀牛的四肢更长，因此具有较强的奔跑能力，在平原上冲刺时仿佛呼啸而来的火车头。

板齿犀的起源

巨人般的板齿犀又是从哪里来的呢？这个谜团的解开得益于在中国甘肃临夏盆地的发现。在临夏盆地中新世的黏土层中，古生物学家邓涛等人发现了大型远古犀牛的化石，并将其归入中华板齿犀（Sinotherium）。中华板齿犀生存于距今700万年前中国北方的草原上，体型比板齿犀稍小。

在中华板齿犀的头骨上，可以明显看到一个向后位移的大鼻角和一个紧贴着的小额角，这不同于之前发现的任何一种犀牛。在中华板齿犀头

板齿犀不止一种

板齿犀可是有好几种的，其模式种便是瓦尔德海姆于1808年命名的西伯利亚板齿犀（E. sibiricum），其出现于更新世初期的中亚，主要分布于更新世的俄罗斯南部、乌克兰及摩尔多瓦。西伯利亚板齿犀是板齿犀属中最后出现的也是体型最大的种；高加索板齿犀（E. caucasicum）在1914年由博瑞夏克（Borissiak）命名，其种群曾经在黑海沿岸非常繁荣。高加索板齿犀出现于距今260万年前的更新世初期，主要分布于高加索北部、摩尔多瓦和亚洲，是最早出现的一种板齿犀；2004年，古生物学家史瑞瓦（Shvyreva）在研究高加索板齿犀时发现化石中的齿列具有明显的不同，于是命名了板齿犀属的第三个种：哈氏板齿犀（E. chaprovicum）。从生存年代和地区看，哈氏板齿犀与高加索板齿犀相似，两者可能是生活在一起的。

骨鼻额部有大型的骨质隆起，这实际上是鼻角角座和额角角座，能清楚地看到鼻角角座向后位移与额角角座相连。中华板齿犀的角和角座显示了鼻角向额角转变的过渡形态，与进步的板齿犀建立了演化上的联系。由此推断，板齿犀很可能起源于中华板齿犀，其巨大的额角实际上是由鼻角、额角合并而成的。

板齿犀的灭绝

　　一般来说，在讨论冰河时代末期大型动物灭绝时都会提到人类捕杀，不过板齿犀的灭绝或许更多是因为不可抗拒力，那就是一次规模空前的火山喷发。距今 73500 年前，位于印度尼西亚苏门答腊岛上的多巴火山发生大喷发，其程度之剧烈被认为是 1900 万年以来规模最大的一次超级火山喷发。

　　多巴火山的超级喷发持续了 200 年，喷出了 2800 立方千米的有害物质，仅仅是马来西亚的火山灰就厚达 7 米。在喷发四周之后，火山灰就将地球包裹起来，整个地球的气温平均下降 5 摄氏度，北半球的某些地区气温甚至下降了 15 摄氏度，地球进入了新的冰川期。由于气温的下降，板齿犀赖以

正在剧烈喷发的火山，或许火山喷发引起的一系列灾害才是板齿犀灭绝的真正原因。

生存的草原变成了荒凉的冰原，其数量变得越来越少，最终灭绝。不仅仅是板齿犀，多巴火山喷发带来的冰川期也沉重打击了当时的原始人类，科学家认为只有在非洲的少数人类活了下来，最终保持了我们这个物种的延续。

独角兽之谜

　　有些材料却显示板齿犀一直存活到几千年前才最终消失。中世纪的阿玛德·伊本法德兰（Ahmad Ibn Fadlan）在作品中曾经记载了一种像板齿犀的动物。瑞典作家维利·莱（Willy Ley）在研究了鄂温克族的传说后指出其中有板齿犀的形象，认为它们一直生活在俄罗斯的远东地区。但目前研究认为距今 5 万年前板齿犀就已全部灭绝。

　　长有一个长角的板齿犀还被认为是传说中独角兽的原型，因为关于独角兽体型的描述与板齿犀很相近，但是这些都是推测，庞大的板齿犀是不可能悄悄生存到文明时代的。

板齿犀巨大无比的额角模型，这是其最典型的特征，也是独角兽传说的来源。

除了上面介绍的三种板齿犀，中国古生物学家曾经根据在中国西北发现的化石命名了意外板齿犀（*E. inexpectatum*）和裴氏板齿犀（*E. peii*），不过目前这两个种都被归入高加索板齿犀。

电视剧《史前公园》中，穿越到冰河时代的奈吉·马文与板齿犀不期而遇，图中可见板齿犀是多么巨大。

披毛犀

寒风夹杂着大雪席卷西伯利亚北部，茫茫冰原上有一个棕色的小点，那是一只披毛犀。披毛犀长长毛发上覆盖着一层雪，就好像今天雪中的茅草屋。正是有了厚厚皮毛的保护，披毛犀才能在寒冷的北方生存。披毛犀在雪中闻了闻，然后用脑袋上的大角将雪推开，下面有些枯黄的草露出，这是披毛犀最爱的食物。

档案：披毛犀

拉丁学名：*Coelodonta*，含义是"中空的牙齿"

科学分类：奇蹄目，犀科

身高体重：体长 3.8 米，体重 3 吨

体型特征：体型类似于今天的犀牛，其脑袋上长有两个角，身上披着厚厚的长毛

生存时期：上新世晚期至更新世晚期（距今 370 万年前~1 万年前）

发现地：欧洲、亚洲

生活环境：平原

西伯利亚大角怪

18~19世纪，人们经常在俄罗斯的冰原上发现一些弯曲的角，开始大家把这些角当成巨鸟的爪子。1807年，德国生物学家约翰·弗里德里希·布鲁门巴赫（Johann Friedrich Blumenbach）根据发现的化石建立了披毛犀属（*Coelodonta*），并命名了模式种古老披毛犀（*C. antiquitatis*）。除了模式种之外，披毛犀属中还有发现于欧洲的托洛戈伊披毛犀（*C. tologoijensis*）、发现于中国的泥河湾披毛犀（*C. nihowanensis*）及西藏披毛犀（*C. thibetana*）。

披毛犀属于奇蹄目犀科，主要生存于今天的亚洲和欧洲北方地区。披毛犀出现于距今370万年前的晚上新世，在距今1万年前更新世结束时灭绝。

在西伯利亚发现的披毛犀木乃伊，良好保存了披毛犀的形态，尤其是双角的形状。

披毛犀与板齿犀

披毛犀与板齿犀是更新世时期最著名的两种巨型犀牛，它们都长有巨大的角和长长的毛发，而且都生活在欧亚大陆的北方地区，因此很容易混淆。到底这两种动物之间有什么区别和联系呢？

尽管样子很像，但披毛犀和板齿犀在演化上没有任何关系，是完全不同的两个属。在体型上，板齿犀的个头可与亚洲象媲美，是披毛犀体型的2~3倍；并且最重要的一点是板齿犀的脑袋圆钝，在额头上只有一个超长的巨角，而披毛犀的脑袋更像方形，长有两个比较扁平的角；板齿犀生活在稍微靠南的地区，而披毛犀能生活在更加干冷

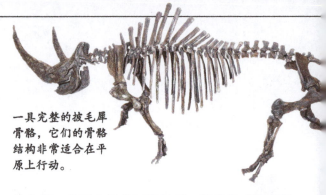

一具完整的披毛犀骨骼，它们的骨骼结构非常适合在平原上行动。

的北部。从已有的化石资料看，虽然披毛犀出现得早，但巨大的板齿犀更快占据了广阔的生存范围。后来随着板齿犀数量的减少，披毛犀才获得了更大的生存空间。

高原上的披毛犀

2011年9月，中美两国古生物学家在《科学》杂志上发表论文，介绍了在中国西藏发现的迄今已知年代最古老的披毛犀化石。新发现的动物被命名为西藏披毛犀，是披毛犀属中的最新发现，却是最原始的种。

西藏披毛犀的化石发现于西藏海拔4200米的扎达盆地，和它一起被发现的动物还有雪豹、獾、三趾马和羚羊等。西藏披毛犀的生存年代距今约370万年前，它的发现将披毛犀的生存年代向前推进了100万年，从更新世提前到晚上新世。西藏披毛犀除了具有披毛犀的一系列典型特征外，化石中还表现出一些更原始的特征，这也表明其在披毛犀家族中的基干位置。正是根据这些特征，古生物学家认为曾经遍及欧亚大陆北部的披毛犀是起源于青藏高原的。

向北进发

西藏披毛犀的发现不仅向我们揭示了披毛犀

博物馆中复原的披毛犀模型，其脑袋上有两个角，明显与板齿犀不同。

的起源，而且还展示了它们的进化和扩散。古生物学家邓涛指出，在距今 370 万年前，地球还没有进入冰河时代，气候比较温暖。尽管整个世界环境舒适，但是西藏却是当时最寒冷的地方，生活在这里的动物都要经受严寒的考验。就这样，西藏成了披毛犀等动物的"冬季训练营"，使得它们学会如何在极端寒冷的气候下生存。

距今 280 万年前，地球开始进入冰河时代，很多动物因为不适应气候变化而消失了。此时，具有很强耐寒能力的披毛犀开始走出西藏，走向更为广阔的北方。到晚更新世，披毛犀成为欧亚大陆北部干冷草原地带的代表性物种。不仅是披毛犀，岩羊、牦牛等起源于西藏的动物也表现出相似的扩散模式，正是早年极端环境下的磨炼，才成就了它们日后的兴盛。

铲雪觅草

前面提到，成年披毛犀比今天的白犀牛稍大，其体长 3.8 米，肩高 2 米，体重 2.7~3.2 吨。晚更新世，板齿犀曾经遍布欧亚大陆北部，最北界限在北纬 72° 的北极圈内。在寒冷的草原冻原环境中，这些满身是毛的大家伙到底吃什么呢？答案是草和莎草等草本植物。

为了维持身体消耗，披毛犀每天要吃大量食物，但如果碰到积雪季节，找吃的就不容易了。

所幸披毛犀自带工具，那就是脑袋上的大角。披毛犀的鼻角向前倾斜，外形扁平，上面有磨损迹象，古生物学家推测它们会低头左右摆动头部，用鼻角铲去积雪，寻找下面的草。

披毛犀脑袋上的大鼻角，它的主要功能不是战斗而是铲雪。

披毛犀的灭绝

披毛犀的生存时间较长，直到距今 1 万年前才灭绝，因此被称为"最后的更新世犀牛"。关于披毛犀的灭绝有很多原因，主流观点认为和人类的活动有关。身体壮硕、毛厚肉多的披毛犀是非常容易找到的猎物，使用武器的原始人能够轻易地杀死它们。在法国一个洞穴的岩壁上发现了原始人绘制的披毛犀形象，这也说明披毛犀是当时人类的主要猎物。除了人类猎杀，环境改变也是导致披毛犀灭绝的重要原因。无论什么原因，披毛犀最终还是灭绝了，不过与它有着很近亲缘关系的苏门答腊犀今天仍然生活在地球上，但是数量岌岌可危。与其惋惜消失的北方犀牛，我们倒不如投入更多的精力保护现存的犀牛。

披毛犀与尼安德特人的模型，它们曾经生活在一起，相互之间是猎物与猎人的关系。

巨貘

中国广西的热带雨林中，一大一小两只巨貘出现在林间的空地上。与成年巨貘不同，小巨貘暗灰色的身体上布满了白色的斑点和条带，就像夜空中的星星一样。平日里，雌巨貘总是带着孩子躲藏在茂密的丛林深处，不过今天它们决定出来透透气。尽管有妈妈的保护，可胆小的小巨貘还是非常害怕，它围绕在妈妈周围，寸步不离。

档案：巨貘

拉丁学名：*Megatapirus*，含义是"巨大的貘"

科学分类：奇蹄目，貘科

身高体重：体长 3.5 米，体重 1 吨

体型特征：体型类似于今天的马来貘，比马来貘大一倍，其长有灵活的鼻子，身体圆鼓

生存时期：更新世至全新世（距今 200 万年前 ~4000 年前）

发现地：亚洲

生活环境：亚热带、热带森林

巨貘的发现

巨貘化石最早在 20 世纪初发现于中国，在云南、广西、广东等地发现了大量的化石。尽管化石丰富，但是绝大部分都是牙齿，头骨和下颌非常少见。1923 年，马修和谷兰阶根据这些化石建立了巨貘属（*Megatapirus*），由于化石产于中国华南地区，于是模式种被命名为华南巨貘（*M. augustus*）。

巨貘属于奇蹄目，貘科，主要生存于东南亚地区，除了中国的华南、西南，在越南和印度尼西亚也有少量分布。巨貘出现于距今 200 万年前的中更新世，直到距今 4000 年前才全部灭绝，其生存年代的下限已经进入了人类历史时期。

貘中巨无霸

马来貘是现存体型最大的貘类，体长 1.5~2.3 米，肩高 0.17~1.15 米，体重可达 300 千克。尽管没有发现完整化石，不过以 54 厘米长的头骨套入马来貘的身体比例，可以推测成年巨貘的体长约 3.5 米，肩高 1.5 米，体重超过 1 吨，它绝对是貘科中的巨无霸。

巨貘的长相非常奇特，算得上是动物界中的

马来貘，它是今天与巨貘亲缘关系最近的动物。

四不像。巨貘的脑袋像猪，长有一对小眼睛和两个小耳朵。与猪不同的是，巨貘的鼻子像迷你版的象鼻子，它的鼻子非常灵活，可以自由伸缩，具有非常敏锐的嗅觉。巨貘是典型的胖子，它的身体圆滚滚的，运动全靠强壮的四肢。作为一种

巨貘的头骨化石，可以看到嘴巴前面锋利的门齿和犬齿，与亲戚相比，它们算得上是凶猛的家伙。

原始的动物，巨貘的前肢有 4 趾，后肢有 3 趾，这种四肢结构保证了它们良好的奔跑和攀登能力。总体上看，巨貘的外形与今天的貘类相似，但块头要大得多。

今天生活在北美洲的中美貘，可见其前肢有 4 趾，后肢有 3 趾，与巨貘相同。

巨貘的起源

巨貘从哪里来一直是古生物学家关心的问题，由于发现的原始貘类化石较少，关于它起源存在着三种观点：本土起源说、东南亚起源说和南亚起源说。目前主流观点是巨貘起源于中国本土，证据就是中国貘（*Tapirus sinensis*）。

中国貘出现于早更新世，主要分布在中国长江流域和广西、云南等地，到中更新世消失，它们被认为是巨貘的祖先。有人认为中国貘和现存的马来貘区别不大，但是中国貘的牙齿表现出了增大化趋势，正与巨貘祖先体型不断增大相吻合。尽管巨貘体型巨大，但是其牙齿的细节与今天的马来貘区别细微，这证明了貘类的原始性以及缓慢的进化速度。关于巨貘及中国貘类的起源和进化需要更多的化石材料，目前许多问题都值得更深入地去研究。

密林中的独居者

巨貘是典型的森林动物，主要生活在温暖、湿润的亚热带、热带林地，可能具有像现生貘类一样的生活习性和行为模式。巨貘比较依赖水源，喜欢在凉爽的清晨和傍晚活动。巨貘生性孤僻，除交配之外，同类之间也很少联系。小巨貘出生后就跟在母亲身边，单独和母亲生活直至成年。巨貘不仅孤僻，而且胆小，当遇到危险的时候会往树木、灌木枝叶繁茂的地方跑，借助横生的植物枝叶来阻挡食肉动物。由于栖息在比较封闭的密林环境中，巨貘暴露在危险中的概率很小，这也是它们可以在激烈竞争中得以幸存的原因。

中国南方茂密的热带、亚热带雨林，曾经是巨貘的家。

大熊猫—剑齿象动物群

中更新世至晚更新世时期，在中国华南地区生活着许多具有地域特色的动物，其中以大熊猫和剑齿象最具代表性，因此该动物群被称为大熊猫—剑齿象动物群。巨貘也是大熊猫—剑齿象动物群的代表物种，占据着相当于今天河马的生态位。

在进入全新世后，大熊猫—剑齿象动物群中的许多成员灭绝，其中包括剑齿象、中国犀、巨貘、最后斑鬣狗，而像大熊猫、金丝猴、印度野牛、豪猪、水鹿、水牛在内的许多动物则生存下来。可以说，大熊猫—剑齿象动物群是距离今天最近的史前动物群了，关于该动物群的研究有助于研究者复原更新世南方地区的气候、地理，帮助我们了解当年的神州大地是什么样的。

最后的巨貘

从化石来看，巨貘算得上是大熊猫—剑齿象动物群中最后灭绝的成员之一，在重庆巫山地区的发现显示它们残存到距今大约4000年前，当时中国已经进入了夏朝。我们的先人很有可能见过最后的巨貘，并且将它们与其他貘类一起记录下来，保存至今的青铜貘尊就是最好的证明。无论历史上是否有人见过巨貘，它们最后还是永远灭绝了。巨貘灭绝的原因至今还是个谜，但有研究人员认为距今5000年前的降温事件，对幸存下来的大熊猫—剑齿象动物群的遗孤给予了又一次打击，是造成巨貘彻底消亡的主要原因。

造型别致精美的郿国青铜貘尊，其中可能有巨貘的影子。

巨貘骨架，它是大熊猫—剑齿象动物群的重要成员。

长鼻三趾马

丘陵间，一匹中国长鼻三趾马出现在湖边。以后世人类的标准，它绝对算得上是"高头大马"，仰起头来超过 2 米；蹄子旁边的两个附蹄让它在山中行走如履平地。不过这几年，气候仿佛像上错了发条一样混乱无比，它前半生的生存经验都用不上了，身边的同类也越来越少。空有一身蛮力的它，却不知如何挽救自己古老族群的命运……

档案：长鼻三趾马

拉丁学名：*Proboscidipparion*，含义是"长鼻子的小马"

科学分类：奇蹄目，马科，三趾马属

身高体重：肩高 1.7 米

体型特征：体型类似家马，鼻唇较长，每只主蹄旁边有两个较小的附蹄

生存时期：上新世至早更新世（距今 460 万年前~120 万年前）

发现地：亚洲

生活环境：平原、森林

三趾行天下

19世纪早期，古生物学在欧洲发展迅速，千万年来沉睡在地层中的化石纷纷重见天日，被研究者们一一测量、复原、命名。由于恐龙化石埋藏的地层较深，因此古兽更早吸引了人们的眼球，其中一类便是1832年命名的三趾马（*Hippirion*）。

"三趾马"是中文翻译的名字，因为它们与现代马类——真马（*Equus*）不同，真马的每只脚上仅有一个蹄子，而三趾马的脚上除了主蹄之外，左右还有两个明显缩小、不接触地面，但仍有完整趾骨的附蹄，这种"三趾"构造长期以来被视为原始特征。其实三趾马的拉丁学名原意是"小马"，因为最早在西欧、南欧发现的三趾马化石，体型普遍比当时欧洲的高头大马小得多。

随着化石材料的增加，尤其是北美洲、亚洲和非洲出土了大量化石，研究者们渐渐发现三趾马其实是个庞杂的大家族。不仅有些种类体型不逊现代野生马类，种类之间的差异也不小，甚至足够分好几个属。20世纪20年代在中国发现的一类三趾马，就被列为一个亚属或独立属，这就是长鼻三趾马。

长鼻大个子

长鼻三趾马的化石主要发现于我国北方，尤以甘肃、陕西、河北等省为多，2000年在南京郊外也有发现。长鼻三趾马生活在上新世到早、中更新世时期，是灭绝最晚的三趾马之一。

与早期的三趾马属成员相比，长鼻三趾马的体型较大。原始长鼻三趾马（*P. pater*）的头骨长达50厘米，比今天的普氏野马还略大些，而

比起早期的三趾马类（右），中国长鼻三趾马（左）的鼻骨高度向后退缩，并有一条灵活的长鼻子。

三趾马并不是唯一有三个趾头的史前马类，而且它们的另外两个附蹄一般也不接触地面。

中国长鼻三趾马（*P. sinense*）甚至更加巨大。由于鼻骨明显向后退缩，因此长鼻三趾马可能有一个比马更灵活、拉长的口鼻部，有些像貘的鼻子，故有"长鼻"之名。此外，长鼻三趾马的牙齿非常坚硬耐磨，上面有复杂的褶皱，适宜啃食粗糙的干草。

马类的另一条路

由于三趾马的牙齿比真马的牙齿更特化，因此三趾马类不可能是真马的祖先，不过它们也并非是同一类原始马。三趾马至少在距今1500万年前就出现在北美洲，此后一直和真马的祖先平行演化，并在相当长的时间里经受住了大自然的考验。

在距今1100万年前~530万年前的晚中新世，三趾马通过陆桥进入亚欧大陆和非洲，成为当时地球上分布最广、数量最多的食草动物，这一时期的哺乳类化石群也往往被称为"三趾马动物群"。

与真马相比，三趾马的四肢显得"保守"，在平地上奔跑时附蹄会成为累赘。然而这附蹄也自有用处：增大足部对地面的附着力，在快速转向和跳跃时便于保持平衡，在山丘、林地等复杂地形上很有价值。在演化中，三趾马的牙齿也逐渐从低齿冠变为高齿冠，取食粗糙植物的能力甚至超过了真马。

上新世时期，全球气候逐渐降温、变干，偶蹄类动物随之崛起，马类失去了优势地位，种类大减。到更新世开始时，大部分三趾马都灭绝了，只剩下少数幸存者试图最后一搏，其中一支就是东亚的长鼻三趾马，此外还有非洲的宽颌三趾马（*Eurygnathohippus*）。为适应不断扩大的干冷草原，最后的三趾马类普遍体型增大，头部拉长，牙齿变得粗大——与真马采取了相似的演化策略。

同门之争

在长鼻三趾马现身的化石点，常常也会发现真马化石，如三门马（*Equus sanmeniensis*）、

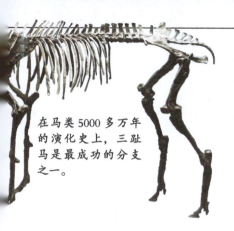

在马类5000多万年的演化史上，三趾马是最成功的分支之一。

黄河马（*E. huanghoensis*）等。在冰河时代的华夏大地上，长鼻三趾马和真马并没有分别占领不同的栖息地，而是成了同一片草场的竞争对手。

更新世严酷多变的气候，让偶蹄类动物尤其是会反刍的牛羊类尽显优势。但数千万年来一直在努力征服草原的马类，也有自己的竞争资本：其拉长的头部可以更方便地啃食低矮的草叶、草根和草茎，并且视线更高，可以在较高处警戒四周；适合长途奔跑的高超耐力，便于长途迁徙；再加上较大的体型和警觉、暴烈的性格，让马类在草原上继续占有一席之地。

与真马相比，三趾马啃干草的"牙口"并不差，可在开阔草原上的奔跑能力要弱一些，这可能是其较大的劣势。

在整个冰河时代，中国西北的黄土高原总体变得越来越干旱，在此生活了数百万年的三趾马类也随之灭绝。

最后的三趾马

历经冰河时代的严峻考验，仍有100多种牛科动物幸存至今，占据了从热带草原到极地苔原、从茂密雨林到高山峭壁的多种环境。马类相形之下就惨多了，不仅局限于草原、荒漠环境，而且只剩下真马1个属7个物种，曾经辉煌的三趾马类早已不见踪影。更新世末期多种真马类的灭绝与人类活动有着密切关系，但三趾马的灭绝却怪不到人类头上：长鼻三趾马在距今100多万年前的早更新世就消失了，非洲的宽颌三趾马也只撑到了距今40万年前。作为一类适应能力极强的食草动物，三趾马类最终还是难逃黯然退场的命运，只能令人感慨大自然的残酷了。

今天的亚洲野驴能适应极端干旱的环境、难以下咽的草类。由于消化能力不如偶蹄类，马类只能在其他方面表现顽强才能幸存。

欧洲野马

广阔的乌克兰大草原上，青草随风起伏形成绿色的海洋。在满眼绿色中可以看到星星点点的灰色点缀其中，那是欧洲野马。现在正是野马的繁殖季节，许多小马驹在草原上降生。小马出生后必须在短时间内站起来，这样才能躲避危险。只见许多小马驹在休息片刻后便奋力站了起来，它们摇摇晃晃地来到妈妈身边寻求保护。用不了多久这些小家伙就将长成身形优美的骏马，自由驰骋在辽阔的草原之上。

档案：欧洲野马

拉丁学名：*Equus ferus ferus*，含义是"野马"

科学分类：奇蹄目，马科，马属，野马种

身高体重：体长 2 米，肩高 1.45 米，体重 300 千克

体型特征：体型类似于今天的家马，其脑袋大而钝，脖子短粗，背部平坦，四肢修长

生存时期：更新世至全新世（距今 30 万年前～1887 年，具体灭绝时间还有待确认）

发现地：欧洲、亚洲

生活环境：平原、森林

欧洲野马的发现

欧洲野马是一种人们既熟悉又陌生的动物，直到 1774 年才由约翰·弗雷德里希·格美林（Johann Friedrich Gmelin）描述，他在 1769 年于沃罗涅日附近见到了这种动物。1784 年，派特·博得瑞特（Pieter Boddaert）根据之前的描述将这种动物命名为野马（*Equus ferus*），而欧洲野马的学名为（*Equus ferus*）。除了学名，欧洲野马还有一个更古老的名字，那就是泰班野马（Tarpan），"Tarpan"一词来自突厥语，意思是"脱缰的野马"，后来鞑靼人和哥萨克人用这个词代表最有血性的野马。

欧洲野马属于奇蹄目，马科，马属，野马种，曾经广泛分布于欧洲从西班牙直到俄罗斯南部的广阔区域，仅有北方的斯堪的纳维亚半岛、爱尔兰和冰岛没有发现过它们的踪迹。欧洲野马的全盛时期是在更新世，直到 1887 年才最终灭绝。

草原精灵

欧洲野马有着家马一样健美标准的外形，只不过它们比家马要小，其体长超过 2 米，肩高 1.45 米，体重 300 千克。欧洲野马长有大而钝的脑袋，眼睛大，耳朵小，口鼻部尖削。欧洲野马的脖子短粗，背部平坦，四肢较长，每个脚上都长有圆形的蹄状趾。从健美的身形就能看出，欧洲野马是善于奔跑的动物，它们具有很好的耐力，可以

欧洲人 1841 年画的欧洲野马，从中可以一窥它们的外貌。

长距离奔跑。欧洲野马头颈部的鬃毛较短，当鬃毛被雨雪打湿后只会散失一点热量；尾鬃却比较长，可以很好地驱赶蚊虫。

历史中的欧洲野马

自从人类出现之后，欧洲野马就与人类保持了紧密的联系。最早有关欧洲野马的记录来自法国和西班牙的洞穴岩画，这些岩画创作于距今 10 万年前 ~3.5 万年前。实际上，欧洲野马并不是当时猎人们的主要猎物，岩画上经常出现它们的形象，可能是因为史前人类的原始宗教崇拜。

当人们进入文明时代之后，欧洲野马还较为常见。公元前 4 世纪，古希腊著名历史学家希罗多德曾在黑海附近见过欧洲野马。进入中世纪之后，欧洲的农民发现欧洲野马不但破坏牲畜越冬的草料，而且与家马交配使得小马驹充满野性，于是

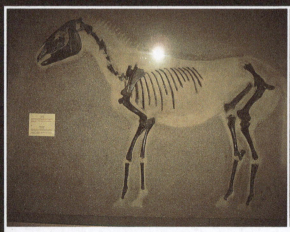

欧洲野马的化石。

在法国著名的拉斯科洞窟壁画中出现的欧洲野马。

在德国、丹麦等地大规模捕杀欧洲野马。到16世纪初，西欧只剩下东普鲁士还有少数欧洲野马存活，不过它们也在几十年后消失了。

迟到的保护

18世纪早期，为了保护欧洲野马，波兰政府在比亚沃维耶扎原始森林附近建立了保护区，相当数量的欧洲野马受到保护。然而到了1806年，保护区因故关闭，幸存的欧洲野马只好被送给当地的农民并与家马杂交。

最后的欧洲野马仅存于俄罗斯南部的草原地带，可它们还是没有逃脱猎人的陷阱和枪口。19世纪末，最后一匹有记载的野生欧洲野马在俄罗斯的阿斯卡米尔·诺瓦被杀，欧洲野马的野生种群至此完全消失。除了野生欧洲野马，还有部分人工饲养的欧洲野马，不过由于数量稀少，根本不可能保持物种的延续。有资料显示，由人类饲养的最后一匹欧洲野马是于1909年死在乌克兰一家动物园里的。

家马始祖

尽管欧洲野马灭绝了，但是它却给我们人类留下了宝贵的遗产，那就是家马。人类驯化马的历史比狗、猪、羊等动物都要晚，这是因为野马生性机警、野性十足。距今6000年前~5500年前，在乌克兰和哈萨克斯坦的草原上出现了第一批被人类驯服的马，它们的祖先正是欧洲野马。

家马的出现在人类文明史上有着重要的意义，在工业时代到来之前，马一直是交通运输和农业生产的重要工具。在军事领域，马的作用更是无法估量，以马为坐骑的骑兵一次次扭转了战争的结果，改变了国家的命运。马背上的蒙古人将马匹的优势发挥到极致，蒙古骑兵曾经横扫亚、欧、非三大洲，马蹄之上，所向披靡。今天，马已经从社会生活中渐渐淡出，逐渐成为一种礼仪和观赏动物。不过在欧洲那些高

今天成群生活的柯尼克波兰小马，它们的外貌与欧洲野马有几分形似。

头大马的身体里，依然流淌着欧洲野马的血液。

复活欧洲野马

当欧洲野马于19世纪末灭绝后，欧洲人才如梦初醒，开始怀念这种坚忍不拔的动物，各种复活欧洲野马的计划展开，并先后培育出海克马、柯尼克波兰小马及斯滕波尔马。尽管人类培育的品种在体型特征上与欧洲野马有很多相似之处，但从遗传学上看并没有直接的联系。不管人们如何努力，欧洲野马还是消失了，所幸它的后代们还忠实地陪在我们身边。

欧洲野马的真实照片。

今天的家马就是由欧洲野马驯化而来的。

原牛

德国巴伐利亚，一只小鸟落在一头原牛宽阔的脊背上。身披美丽羽毛的小鸟与满身黑毛的原牛形成鲜明对比，就好像黑色的天鹅绒布上的一块翡翠。小鸟发出清脆的叫声，引得正在吃草的原牛抬起头来寻找声音的来源。察觉到身下的动静，小鸟拍拍翅膀飞走了，而黑色的原牛呆呆地站在原地陷入了沉思，一对大角的角尖指向前方。

档案：原牛

拉丁学名：*Bos primigenius*，含义是"原始的牛"

科学分类：偶蹄目，牛科，牛亚科，牛属

身高体重：体长 2.5~3.3 米，高 1.6~1.9 米，体重 1~1.5 吨

体型特征：体型类似今天的家牛，身体强壮，四肢有力，头上长有一对弯曲向前的大角

生存时期：更新世至全新世（距今 200 万年前 ~400 年前）

发现地：亚洲、欧洲、非洲

生活环境：平原、山地

原始牛的发现

与其他已经灭绝的冰河时期巨兽不同，人们对原牛并不陌生，它曾经长时间出现在人类的历史中，只是直到19世纪初才被科学家命名。1827年，德国学者路德维希·海因里希·伯亚努斯（Ludwig Heinrich Bojanus）根据文献记载和动物骨骼化石命名了

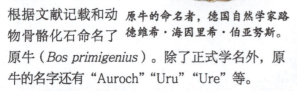

原牛的命名者，德国自然学家路德维希·海因里希·伯亚努斯。

原牛（Bos primigenius）。除了正式学名外，原牛的名字还有"Auroch""Uru""Ure"等。

原牛属于偶蹄目，牛科，牛亚科，牛属，其生存范围非常广阔，曾经遍及欧亚大陆和非洲北部。原牛种下又分了三个亚种，分别是原始原牛（B. primigenius primigenius）、非洲原牛（B. primigenius africanus）和纳玛原牛（B. primigenius namadicus），其中原始原牛分布于欧洲至东亚的大面积地区，非洲原牛分布于非洲北部，纳玛原牛分布于印度。原牛出现于距今200万年前的早更新世，直到1627年最后一头

原牛的模型，其四肢比例稍微有点短。

原牛的起源与繁衍

从进化角度上看，原牛很可能是生存于印度的尖额牛（Bos acutifrons）的后代。距今200多万年前的早更新世，第一种原牛——纳玛原牛在印度出现，当时的地球气温开始下降，大片的森林被草原代替，为原牛的扩张提供了条件。纳玛原牛经过西亚进入中亚、东亚和欧洲，在距今23万年前出现了分布最广的原始原牛。原牛是晚更新世地球上最为强势的牛科动物，它的生存范围东起太平洋，西至大西洋，南到印度洋，北达苏格兰。无论是在广袤的平原还是在起伏的山地，都能看到它们高大的身影。

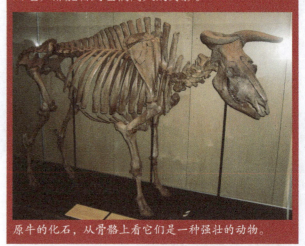

原牛的化石，从骨骼上看它们是一种强壮的动物。

原牛死去，这个物种才真正灭绝。

牛中大块头

与今天的家牛比起来，原牛体型大得惊人，与现存最大的牛科动物——印度的白肢野牛不相上下。一头成年雄性原牛，体长2.5~3.3米，肩高1.6~1.9米，最大体重达到1.5吨，在牛科中可是数一数二的大块头。

原牛体型壮硕，它们有较长的脑袋，脑袋上有一双大眼睛。巨大的角是原牛的重要特征之一，每根角长0.8米，直径为10~20厘米。这对大角从头顶向两侧长出，然后强烈向前弯曲，锋利的角尖指向正前方。原牛脑袋后面的颈部、肩部及胸部长有发达的肌肉，其背部微微隆起，成为全身最高的部位。原牛的身体粗壮有力，四肢比今

兰州大学的研究人员正在检查新发现的原牛化石。

法国洞穴中的原牛岩画，画中非常好地表现了其弯曲向前的角。

物加以崇拜。

当人类进入文明时代后，原牛开始出现在文献资料中。在古罗马凯撒撰写的《高卢战记》中就有关于原牛的记录，在书中凯撒将原牛描述成一种外形如牛、体积小于象的强悍动物，日耳曼勇士将杀死原牛作为勇气和力量的象征。见识了原牛厉害的罗马人生擒了许多原牛，并将它们赶进角斗场参加斗兽表演。

原牛的灭绝

在人类的持续捕杀下，原牛的数量不断减少。到 11 世纪，只有东普鲁士、波兰和立陶宛等地还生存着少量原牛。随着数量的减少，猎杀原牛逐渐变成了贵族的特权，成为权力和地位的象征，平民私自猎杀原牛会被判处死刑。贵族的法令无意中保护了原牛，它们被围养在有专人看管的皇家猎场中，不过由于数量太少无法繁殖，许多地方的原牛还是消失了。据记载，最后的原牛生活在波兰西部。1627 年，当最后一头雌性原牛自然死亡后，这个曾经繁盛的物种就此消失了。尽管原牛灭绝了，但是它的血脉并没有就此断绝，其中一些经人类驯化后演变成了不同品种的家牛，比如黄牛、瘤牛等。这样看来，原牛的后代至今仍然生活在我们身边。

天的牛要长，显示它们有更强的运动能力。

中国的原牛

在人们的印象里，原牛常见于欧洲，实际上它们在中国也有着广泛的分布。原牛曾经与王氏水牛等动物生活在一起，是猛犸象—披毛犀动物群的重要成员。目前已经发现原牛化石的省份包括东北三省、内蒙古、甘肃、山西、河北、河南和北京等地。在这些省份中，发现原牛化石最多的还要数东北三省，至今在黑龙江等地的河流中还经常能挖到原牛的化石。

原牛曾经与我们的祖先长期共存，在灵井"许昌人"遗址中曾经发现过一对非常完整的原牛角化石，这说明它们曾经是人类的主要猎物。在人类不断捕杀下，中国境内的原牛数量不断减少，最后的原牛化石发现于河北省桑干河丁家堡水库的全新世沉积层，年代距今约 3000 年前。丁家堡水库的发现说明在商代，中国还有最后的原牛生存。

人类历史中的原牛

尽管起源于亚洲，但是原牛在欧洲生存的年代更长，它们在欧洲历史中甚至具有了特殊的文化意义。作为当时最常见的大型动物，原牛的形象出现在新石器时代欧洲的洞穴岩画上，在许多地方它们被视为一种神圣的动

除了牦牛和东南亚的水牛、独龙牛等种类外，今天全世界绝大部分的家牛都是原牛的子孙。

王氏水牛

春季的微风拂过中国东北，吹得两头王氏水牛身上的毛发微微飘动。高大的王氏水牛站在湖边低头喝水，浅浅的湖水刚刚漫过了脚踝。尽管气温还很低，但王氏水牛身上的长毛可以很好地保持体温。远方突然传来猛犸象的吼声，两只王氏水牛不约而同地抬起脑袋，头上两根粗壮的大角弯曲指向身后。

档案：王氏水牛

拉丁学名：*Bubalus wangsjoki*，含义是"旺楚克的水牛"

科学分类：偶蹄目，牛科，牛亚科，水牛属

身高体重：体长3米，高1.8米，体重1吨

体型特征：体型类似今天的亚洲水牛，身体强壮，四肢有力，头上长有一对大角

生存时期：更新世（距今50万年前~1万年前）

发现地：亚洲

生活环境：平原

王氏水牛的发现

1922年，法国神甫桑志华（Emile Licent）来到内蒙古乌审旗进行考古调查。在调查中，桑志华雇用了一批当地的农民挖掘化石，其中就包括一个名叫旺楚克的蒙古族农民。旺楚克的汉名叫作石王顺，但是大家都亲切地叫他王顺。

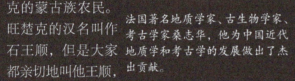

法国著名地质学家、古生物学家、考古学家桑志华，他为中国近代地质学和考古学的发展做出了杰出贡献。

因此桑志华误以为他姓王并记录下来。旺楚克在挖掘过程中发现了一个水牛的头骨化石，后来古生物学家布尔和德日进在研究头骨后确认这属于一个新种，为了纪念发现者，于是将其命名为王氏水牛（*Bubalus wangsjoki*）。

王氏水牛属于偶蹄目，牛科，牛亚科，水牛属，主要分布在中国东北地区，包括黑龙江、吉林、辽宁和内蒙古的萨拉乌苏等地。王氏水牛生存于晚更新世，在距今约1万年前灭绝。在水牛属中，王氏水牛是生存地区最靠北的种。

粗角大块头

王氏水牛的体长约3米，肩高1.8米，体重

除了角形不同，王氏水牛与今天的水牛很像，都是强壮巨大的动物。

超过1吨，与现存体型最大的亚洲野水牛一样大。王氏水牛的脑袋很大，前额平坦，大眼睛稍微突出。在王氏水牛的脑后长有一对大角，角的根部很粗，向角尖迅速变细，角尖指向后上方。王氏水牛的大角微微弯曲，这点不同于今天水牛脑袋上向后弯曲的大角。王氏水牛的身体非常健壮，胸廓宽而深，肚子较胖，它的四肢粗壮，每只脚上有两只很大的蹄子。

最北方的水牛

在人们的印象中，水牛是典型的南方动物，今天的家水牛基本只生活在淮河以南地区。王氏水牛的发现完全颠覆了人们的传统观念，它们出现在淮河以北2000多千米的黑龙江流域。这些大家伙怎么会生活在如此寒冷的地区呢？其实王氏水牛的祖先很早就来到了东北地区，经过长时间的适应和进化，它们具备了很强的适应能力，适应了北方寒冷干燥的环境。

为了能够在寒冷条件下保持体温，王氏水牛不但具有巨大的体型，而且身体上很可能长出了长毛，这可是抵御严寒最好的装备。在寒冷的季节里，王氏水牛总是成群结队地呆在一起，它们会在雪中寻找干草，然后吞进肚子里。当感到饥饿的时候，王氏水牛会将胃中的食物吐出来进行反刍，这种本领增加了它们在恶劣条件下生存的可能性。

猛犸象—披毛犀动物群

晚更新世时期，在中国东北曾经生活着许多奇异的大型哺乳动物，其中包括猛犸象、披毛犀、河套大角鹿、原牛、野牛、普氏野马、最后斑鬣狗、狼、麋鹿、麝、野猪等，这些动物被统称为猛犸象—披毛犀动物群（Mammuthus-Coelodonta Fauna）。猛犸象—披毛犀动物群是晚更新世中国

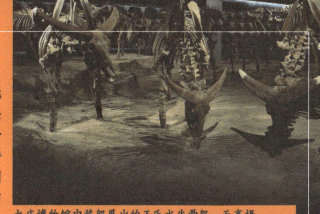

肇源化石最完整

尽管在中国的北方地区已经发现了大量属于王氏水牛的化石，但这些化石都是些残缺不全的头骨和角。1996 年 5 月，在黑龙江省肇源县发现了一具几乎完整的王氏水牛化石。这具化石包括头骨、脊椎骨以及完整的四肢骨骼，整具化石的完整度达到 80% 左右。经过估算，这头王氏水牛体长 3.2 米，肩高 1.8 米，体重超过 1.5 吨，是已知最大的王氏水牛个体。根据地层判断，这只王氏水牛生存于距今 2.5 万年前，它死于一场大洪水。目前这具化石经过修复后装架，并于肇源县博物馆展出，完整的王氏水牛成了该博物馆的镇馆之宝。

大庆博物馆中装架展出的王氏水牛骨架，天高摄。

大庆博物馆中气势磅礴的猛犸象—披毛犀动物群。

北方最典型的动物群，与南方的大熊猫—剑齿象动物群齐名，该动物群广泛分布于北纬 45 度以北的地区，生存年代为距今 20 万年前至 1 万年前。

王氏水牛是猛犸象—披毛犀动物群中的重要成员，它们成群生活在平原上，经常与东北野牛等动物待在一起。在王氏水牛的世界里，虎、最后斑鬣狗、狼都是可怕的敌人，不过凭借着强壮的体型，它们并不惧怕这些捕食者。王氏水牛最终与猛犸象—披毛犀动物群一同消失，不过该动物群中有 70% 的物种仍然生活在今天的中国东北大地。

王氏水牛的灭绝

王氏水牛曾是中国东北最为常见的大型食草动物之一，但到了大约 1 万年前，它们还是和猛犸象、披毛犀一起灭绝了。今天的研究已经基本排除了人类捕杀的因素，王氏水牛灭绝的主要原因是气候的变迁。

更新世晚期，最后一次冰期即将结束，温度开始上升，原本分布于中国东北的大面积平原要么变成森林，要么变成荒漠，这使得以干草类为食的王氏水牛面临着断粮的问题。气温升高带来的另一个问题就是身体温度的升高，王氏水牛原本用于御寒的厚毛、脂肪现在却变成了累赘。正是在饥饿和高温的双重打击下，王氏水牛最终灭绝了，从此淮河以北再无野生水牛存在。

昔日的稀树草原变成了森林，这里不再适合王氏水牛生活。

大角鹿

冰封的爱尔兰山区，一头健美的雄性大角鹿正在山脊上前行。大角鹿有着鹿科常见的优雅身材，脑袋上顶着长度达到4米的巨角。体内的脂肪加上可以御寒的长毛，让大角鹿并不畏惧这里的寒冷，这一带也少有猛兽可以威胁它。就在此时，太阳从云缝中露出脸来，大角鹿也不由自主地抬起头，金色的阳光不仅将远处白雪皑皑的山顶照亮，也在大角鹿的巨角边缘勾勒出漂亮的轮廓。

档案：大角鹿

拉丁学名： *Megaloceros*，含义是"巨大的角"

科学分类： 偶蹄目，鹿科

身高体重： 体长3米，肩高2米，体重700千克

体型特征： 体型类似于鹿，但是脑袋上长有超大的鹿角

生存时期： 更新世至全新世（距今80万年前~7700年前）

发现地： 欧洲、亚洲

生活环境： 平原

大角鹿的发现

大角鹿的化石最早在欧洲被发现，1799年德国生物学家约翰·弗里德里希·布鲁门巴赫根据其巨大的角建立了大角鹿属（*Megaloceros*）。当时的人们无法解释这些长有巨大双角的鹿为什么会消失，于是它们借用《圣经》中的典故，认为大角鹿是大洪水的受害者，当然这种观点目前已很少有人支持了。

大角鹿属于偶蹄目下的鹿科，主要生存于今天的欧洲至西伯利亚的广大地区，最东达到了贝加尔湖以东。大角鹿出现于距今80万年前的中更新世，到全新世后期全部灭绝，根据在西伯利亚发现的化石，最后一批大角鹿可能生存到7700年前才最终灭绝，堪称冰河时代最后消失的北方巨兽。

爱尔兰传奇

尽管很多地方都发现过大角鹿的化石，但爱尔兰才是大角鹿真正的家。目前，人们已在爱尔兰的森林沼泽中发现了上百具大角鹿的骨骼，其

大角鹿的头骨，正是这些头骨的发现告诉人们，有一种巨角大鹿曾经生活在遥远的北方。

中很多都非常完整，并被送到爱尔兰都柏林的爱尔兰自然历史博物馆展览。正因如此，大角鹿又被称为"爱尔兰麋鹿"，不过它和麋鹿可是没有任何关系的。

在几十万年前的中更新世，由于冰川作用和寒冷气候的影响，爱尔兰与不列颠岛、欧洲大陆连通，并形成了开阔的草原，这正是大角鹿的理想生存环境。有趣的是，人类首次来到爱尔兰是在大角鹿灭绝之后，也就是说，并没有人在岛上见过活的大角鹿。

今天保存在爱尔兰自然历史博物馆中的大角鹿骨架。

巨大的角

大角鹿最明显的特征就是脑袋上壮丽无比的角，已知最大的角宽度近4米，重量约45千克。像大部分鹿科动物一样，这副巨角也是雄性的专利。其实大角鹿祖先脑袋上起初没有这么大的角，但是一代代的雄鹿都通过或炫耀、或真刀真枪的"角"斗来得到雌性，所以更大的角就代表着更大的成功率，大角的基因也就被保留和延续下来。

由于这副巨角是如此硕大沉重，从很远的距离上就能够看到这副醒目的"商标"，因此一些人认为大角鹿的脑袋根本无法承受角的重量，只能整天低着头。1974年，著名的古生物学家史蒂芬·古尔德（Stephen Jay Gould）指出，大角鹿的身体结构和力量完全可以应付巨大的角，同时他还指出如此巨角已不再适合雄鹿间的决斗，其作用应该是攻击敌人和吸引雌鹿。一只成年的雄性大角鹿根本不需要靠晃动脑袋来展示自己的巨角。

尽管在巨角之下显得"头大身体小"，但大

大角小角各不同

被称为"爱尔兰麋鹿"的大角鹿，实际上是大角鹿属的模式种——巨大角鹿（*M. giganteus*），在大角鹿属中还有很多不同的种。大角鹿属是一个分布很广的家族，不光是在欧洲和西伯利亚，在非洲北部、中国及日本都发现过它们的化石。大角鹿属中既有肩高2米的大型品种，也有肩高只有65厘米的小型品种，鹿角的外形也是千差万别。发现于中国的大角鹿属以肿骨大角鹿（*M. pachyosteus*）为代表。有一种观点将这些发现于中国的大角鹿统称为中华大角鹿，因为它们与欧洲的大角鹿有一些显著的不同。

北美驼鹿，这个强壮的大家伙才是真正的鹿中巨人。

角鹿依然可称得上"鹿中巨人"，一头雄性大角鹿身长2.5米，肩高2米，最大个体的体重超过700千克。不过，在鹿科当中大角鹿并不是体型最大的，它们稍逊于今天北美洲的北美驼鹿及其史前亲戚。驼鹿尽管属于鹿科，但是无论是体型还是外形，看上去都像一只长角的骆驼。成年雄性北美驼鹿身长3米，肩高2.4米，体重600千克，最大个体可达800千克。而它们的冰河时代近亲——罕角驼鹿（*Cervalces*）甚至更为巨大，有1吨重，是有史以来最大的鹿。

由图可见，大角鹿脑袋上的大角是多么巨大。

大角鹿的灭绝

健壮的大角鹿是怎么灭绝的呢？古生物学家认为这是一个缓慢的过程，而罪魁祸首是气候变化。随着最后一次冰期的到来，气温降低，原来的草原变成了苔原，食物变得稀少。在温暖的春末夏初出生的小鹿面临着比以前更低的温度和更少的食物，成活率逐渐下降。

当大角鹿艰难地撑到冰期结束时，回升的温度又带来了新的问题。曾经的草原变成了森林，大角鹿头上的巨角限制了它们在狭窄环境中的活动，食物来源成了问题。从某种意义上讲，大角鹿的灭绝不是因为外因，而是内因。为了保持自身巨大的身材和大角，大角鹿不得不走上一条高消耗、高食量的路线，这恰恰走进了演化的死胡同，当环境改变时只有被淘汰的命运。

今天保存在周口店遗址博物馆中的肿骨大角鹿模型，其角型与欧洲的巨大角鹿完全不同。

大角鹿骨架和复原模型，巨大的角曾是荣耀的象征，最后却成为灭绝的诱因。

巨猿

竹林中，一头壮硕如"金刚"的步氏巨猿正在享用早餐。这是一头近半吨重的老年雄猿，强壮的手臂能一把掰断碗口粗的竹子。巨猿的群体不大，老雄猿被赶下王座后往往独自生活。此时，它吃得正香，突然听到熟悉的脚步声，是自己曾经统治过的那个巨猿群吗？

档案：巨猿

拉丁学名：*Gigantopithecus*，含义是"巨大的猿"

科学分类：灵长目，人科，猩猩亚科

身高体重：直立高3米，体重540千克（步氏巨猿）

体型特征：体型巨大，下颌发达

生存时期：晚中新世至更新世（距今630万年前~30万年前）

发现地：亚洲东南部

生活环境：亚热带和热带森林

从药铺到山洞

20世纪20年代，亚洲东部先后发现了爪哇直立人、北京直立人等原始人类化石，成为古人类学研究的热点地带。德国年轻学者孔尼华（Ralph Von Koenigswald）于1935年来到中国，并发现了一个找化石的好办法：去中药铺里买"龙骨"。没过多久，孔尼华就在香港的药铺里"淘"到了几颗巨大的灵长类牙齿，并定名为"步氏巨猿"（Gigantopithecus blacki），以纪念"北京人"的命名者、英年早逝的加拿大学者步达生（Davidson Black）。这些牙齿比人牙大得多，但有许多相似特征。

此时在周口店主持工作的是孔尼华的德国同胞魏敦瑞（Franz Weidenreich），他提出了一个匪夷所思的观点：巨猿其实是"巨人"，北京人和现代人类都是这些"巨人"的后代。这并非异想天开，因为当时出土的"北京人"头骨非常厚实，骨壁厚度几乎是现代人的两三倍，很让学术界迷惑不解。于是魏敦瑞认为，"北京人"是从巨大的祖先进化来的。今天看来，当然并非如此。

20世纪50年代以来，中国广西、湖北、四川以及越南境内出土了大量步氏巨猿化石，仅在广西柳城县的一个山洞中就发现了1076枚牙齿，其中最大的一件下颌骨有现代人下颌骨的3倍大！1968年，印度北部又发现了另一种巨型巨猿（G. giganteus）。尽管名为"巨型"，但巨型巨猿的体型比步氏巨猿的体型小得多，生存年

拉塞尔·肖汉与他制作的步氏巨猿复原像。实际上，巨猿很少像这样直立身体。

代也更古老。

令人遗憾的是，至今发现的巨猿化石只有1000多颗牙齿和6个下颌骨（两种巨猿各3个），难以获得更多信息。

再现"金刚"形象

巨猿的祖先很可能是史前亚洲的西瓦古猿（Sivapithecus），与今天的红猩猩是"堂兄弟"，属于猿类，跟人类关系不大。虽然化石材料只有牙齿、下颌，但古生物学是一门"从局部推测整体"的学科，可以根据牙齿特征复原出头骨，再复原出整个躯体骨架，最后附上皮肉、毛发。20世纪90年代初，美国学者拉塞尔·肖汉及其团队，就这样制作出了流传最广的步氏巨猿"标准像"。

制作者们首先参照了今天各种猩猩的头骨比

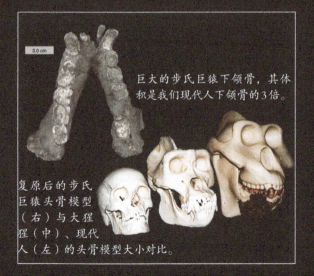

3.0 cm

巨大的步氏巨猿下颌骨，其体积是我们现代人下颌骨的3倍。

复原后的步氏巨猿头骨模型（右）与大猩猩（中）、现代人（左）的头骨模型大小对比。

例，从牙齿、下颌的尺寸推测出巨猿头骨的大小；躯干方面，则以大猩猩和史前的奥氏狮尾狒为标准，并参考了红猩猩的稀疏长毛。考虑到巨猿的大下巴可能是过于发达，因而制作者们干脆将其头身比定为 1：6.5，大于人类平均的 1：7。

最终，一个高达 3 米、体重超过 540 千克的雄性 "金刚" 诞生了。要知道，野生雄性大猩猩的身高平均不过 1.7~1.8 米，最重也只有 280 多千克……

巨猿的生活方式，可能接近今天亚洲最大的猿类——主要在地面活动、雄性体重近 100 千克的婆罗洲猩猩。

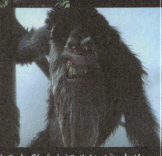

动画电影《冰河世纪 4》中的海盗船船长 Gutt 就是一只步氏巨猿，虽然样子有点像大猩猩，但没有大猩猩的犬齿，而是满口板牙。

纯粹的素食者

在演化中，巨猿呈现了明显的大型化趋势。距今 630 万年前出现的巨型巨猿只有步氏巨猿的一半大，而距今 100 万年前的步氏巨猿化石也比距今 40 万年前~30 万年前的同类要小些。正当巨猿的体型趋于极致时，却离灭绝越来越近。

今天的大猩猩堪称灵长类中的头号素食者，而巨猿的牙齿比大猩猩的牙齿更粗大厚实，且磨损和龋齿更严重，表明它们主要取食坚韧、高糖、高纤维的植物。另外大猩猩仍有尖利的犬齿，巨猿的犬齿却已和门齿结合在一起，成为切割植物纤维的工具。

根据对牙齿化石的化学分析，步氏巨猿生活在茂密的亚热带、热带森林中，取食竹子、树叶、草类和果实。由于身躯沉重，成年巨猿的行走方式很可能类似大猩猩，用手指、后脚掌共同支撑体重，只能偶尔直立起身子。

今天的神农架冬季经常大雪封山，真正的原始森林也所剩无几，不具备巨猿或大型灵长类的生存条件。

死于饥困之中

以往人们总是想当然地认为，身躯庞大、模样吓人的动物一定凶猛。大猩猩就这样被冤枉了上百年，但现在已证明它们是温和害羞的动物。以此类推，巨猿也很可能是 "和平主义者"。由于雌性步氏巨猿只有雄性的一半大，它们很可能也像大猩猩一样集小群生活，以一头成年雄猿为头领。

那么巨猿又是如何灭绝的呢？一般而言，大型动物食量大、繁殖慢，不太能适应环境变化。步氏巨猿生活的末期，正是北半球气候剧烈动荡的阶段。研究人员发现，许多巨猿牙齿化石呈现了发育不良的迹象，可能是疾病和饥饿所致，而距今 100 多万年前进入东亚的直立人可能成为巨猿的有力竞争者，加速了它们的灭绝。

无关 "野人" 传说

时至今日，在世界的一些角落仍有 "野人" 等类人生物出没的传说；而对 "野人" 真面目的猜想，地摊科普经常提到的一种就是 "巨猿说"。实际上，巨猿不仅比传说中的 "野人" 个头大得多，而且不适合直立行走，与目击报告中的 "野人" 形象相去甚远。即便巨猿侥幸存活至今，短短 30 万年间也不可能演化成 "野人" 的样子。此外，传说中 "大脚怪" 生活的北美温带森林、"雪人" 出没的喜马拉雅山麓，都远离巨猿化石的分布区。哪怕真的曾有过酷似人类的 "野人"，也和巨猿毫无关系，它们早就尘封在化石之中了。

第二部分
美洲大陆

前传：两个世界的碰撞

今天将北美洲、南美洲连接在一起的是一段非常窄的陆桥，地理学上称为"巴拿马地峡"。很少有人知道，这段陆桥其实是冰河时代即将开始时才形成的；从恐龙时代之初直到冰河时代前近2亿年的时间里，南北美洲几乎就是两个完全不同的世界。

距今大约2亿年前的晚三叠世，"盘古大陆"开始解体，并逐渐分裂成今天七大洲的雏形。其中北美洲漂向北半球，南美洲则成为南方大陆（冈瓦纳古陆）的一部分，两块大陆上的动植物也走上了迥异的演化道路。

新生代开始后，气候、环境的变化也更剧烈、更频繁，北美洲多次通过北大西洋、北太平洋的陆桥与亚欧大陆进行物种交流。哺乳类中的犬科、马科和驼科动物都是以北美洲为演化中心，一波波扩散出去的；而来自亚欧大陆的猫科、象类、鹿类等进入北美洲后也如鱼得水。相比之下，新生代的南美洲几乎像大洋洲一样，成了一块孤立的大陆，环境变化也比较温和。这里的南方有蹄类、贫齿类和有袋类及距今3200万年前从非洲漂流而来的灵长类（阔鼻猴类）和豚鼠类啮齿动物，组成了独特的南美哺乳动物群。

距今约1500万年前，南美洲的安第斯山脉开始迅速隆升，宏伟的山脉直到今天还在"长高"。在此过程中，南、北美洲之间的海底岩层开始隆起，在距今350万年前～300万年前形成了陆桥。"天堑变通途"对两块大陆上的所有动物来说，可不一定都是福音。

大迁徙与大洗牌

　　研究显示，巴拿马陆桥形成后，南北美洲的动物们似乎并未马上迁徙，直到距今200多万年前两个大陆的动物才开始大举移民。演化条件相对温和（也就是"进化慢"）的南美洲大型动物就这样不幸成了生存竞争中的淘汰品。

　　从晚上新世到早更新世，北美动物迅速南侵，其中不仅有刃齿虎、恐狼、居维叶象和南美马等冰河时代的先锋，还有今天南美洲的代表动物——原驼、南美貘、美洲豹和南浣熊……久居乐土的南美动物哪见过这样的阵势。到早更新世时，南美的食肉有袋类（如袋剑齿虎）、南美有蹄类中的大部分已溃不成军，很多物种灭绝了。

　　然而，也不是所有南美动物都软弱可欺，像地懒类、雕齿兽类就成功逆袭，它们一路向北，侵入北美洲。今天的北美动物群中，像负鼠、犰狳、蛇类中的蚺类等，都是冰河时代从南美洲迁移而来的。

冰川时代的北美洲

　　距今1.8万年前，也就是最近一次冰期的顶峰阶段，北美洲一大半的面积都被冰川覆盖，从加拿大到格陵兰的大片土地，以及太平洋海岸都覆盖着上千米厚的冰川。这两块冰川的总面积比今天的南极洲还要大46%，而如今北美洲的冰川

总量只有当时的0.4%。数以亿吨计的水被封锁，让北美洲的气候比今天干燥了许多。不过与欧洲、亚洲北方的干草原相比，北美洲除了阿拉斯加和白令陆桥一带，冰川南部的大部分土地要湿润些，以稀树草原、森林草原为主。

　　冰河时代末期的北美洲，堪称巨兽的乐土、掠食者的竞技场。哥伦比亚猛犸、短颌象及北方的真猛犸象成群漫步在平原和山谷中，在它们身边，还有至少5种马类、3种野牛和庞大的巨足驼，以及来自南美洲的地懒和雕齿兽。肩高近2米的短面熊是当时最可怕的猛兽，此外还有美洲拟狮、刃齿虎、锯齿虎、恐狼、灰狼、灰熊、美洲豹、

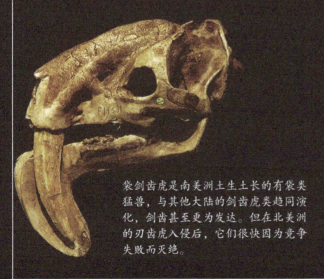

袋剑齿虎是南美洲土生土长的有袋类猛兽，与其他大陆的剑齿虎类趋同演化，剑齿甚至更为发达。但在北美洲的刃齿虎入侵后，它们很快因为竞争失败而灭绝。

从北美洲到南美洲的原驼（下），从南美洲到北美洲的弗吉尼亚负鼠（上），它们是两块大陆物种交流的见证，如今也已成为新家园里不可或缺的成员之一。

美洲狮、惊豹……当时北美兽群的壮观程度，比起今天的东非大草原毫不逊色。

草原统治的南美洲

距今 1.8 万年前的南美洲，也明显不同于今天的样子。如今密不透风、一望无际的亚马孙雨林，在冰期要稀疏得多。除少数地区外，南美洲大多是森林、草原交替分布；从亚马孙平原往南，直到巴西南部、巴拉圭和阿根廷北部，也都是温暖的森林草原，比今天的潘帕斯草原还湿润些。当时，只有安第斯山区和巴塔哥尼亚，才是寒冷的苔原和冰川所在区域。

经过晚上新世至早更新世的大洗牌，冰河时代末期南美洲的动物仍然与北美洲大不相同。地懒、雕齿兽两大家族依然坚挺，南方有蹄类中的后弓兽、箭齿兽仍然幸存，它们与来自北美洲的马类、驼类和鹿类分享草原；而占据南美洲食物链顶端的则是强大的毁灭刃齿虎。今天南美洲让人印象深刻的狨猴、大食蚁兽、美洲驼和金刚鹦鹉等，在当时则被上面提到的这些大家伙掩盖了光芒。

人类的到来

数千万年来气候变冷的趋势，导致除了早期的阔鼻猴类之外，一直没有更"高级"的灵长类

冰河时代的南美草原比较湿润，树木较为茂盛，比较类似今天巴拉圭、玻利维亚和阿根廷北部的查科草原。

克洛维斯人有能力制作薄而锋利的黑曜石矛尖，可穿透猛犸、野牛等巨兽的厚皮。

动物来到美洲。在漫长的等待之后，首次做到这一点的是我们这个物种——现代智人。尽管人类最早到达美洲的时间尚有争议，但目前一般认为，在距今约 1.3 万年前，第一批人类进入美洲，他们就是克洛维斯人。人类——冰河时代巨兽的终结者，终于踏上了美洲大陆。

距今 1.5 万年前，北美洲的气候开始转暖，阿拉斯加、加拿大西部和美国西北部的冰川部分消退，在太平洋沿岸露出了一条陆地走廊，为人类随后进入北美腹地提供了方便。从阿拉斯加到巴塔哥尼亚，都留下了克洛维斯人的遗迹，他们会制作锋利的黑曜石矛尖，并通过投矛器增加武器的杀伤力。化石记录显示，人类曾成群捕杀猛犸、野牛和驼类等大型动物。

克洛维斯人登陆美洲时，正赶上距今最后一次冰期即将结束，气候、植被开始发生剧变。在整个冰河时代，美洲动物们曾挺过了多次类似的大变动，可来自人类的滥杀、或许再加上人类带来的新病原体，让它们的数量迅速减少并最终灭绝。不过研究显示，对美洲动物下手太绝的克洛维斯人可能也因此走上末路，距今 9000 年前他们的足迹就从美洲大陆上消失了。至于后来的印第安文明，哥伦布以来欧洲殖民者对原住民的屠杀和对新大陆的开拓，那就是另外的故事了……

美洲拟狮

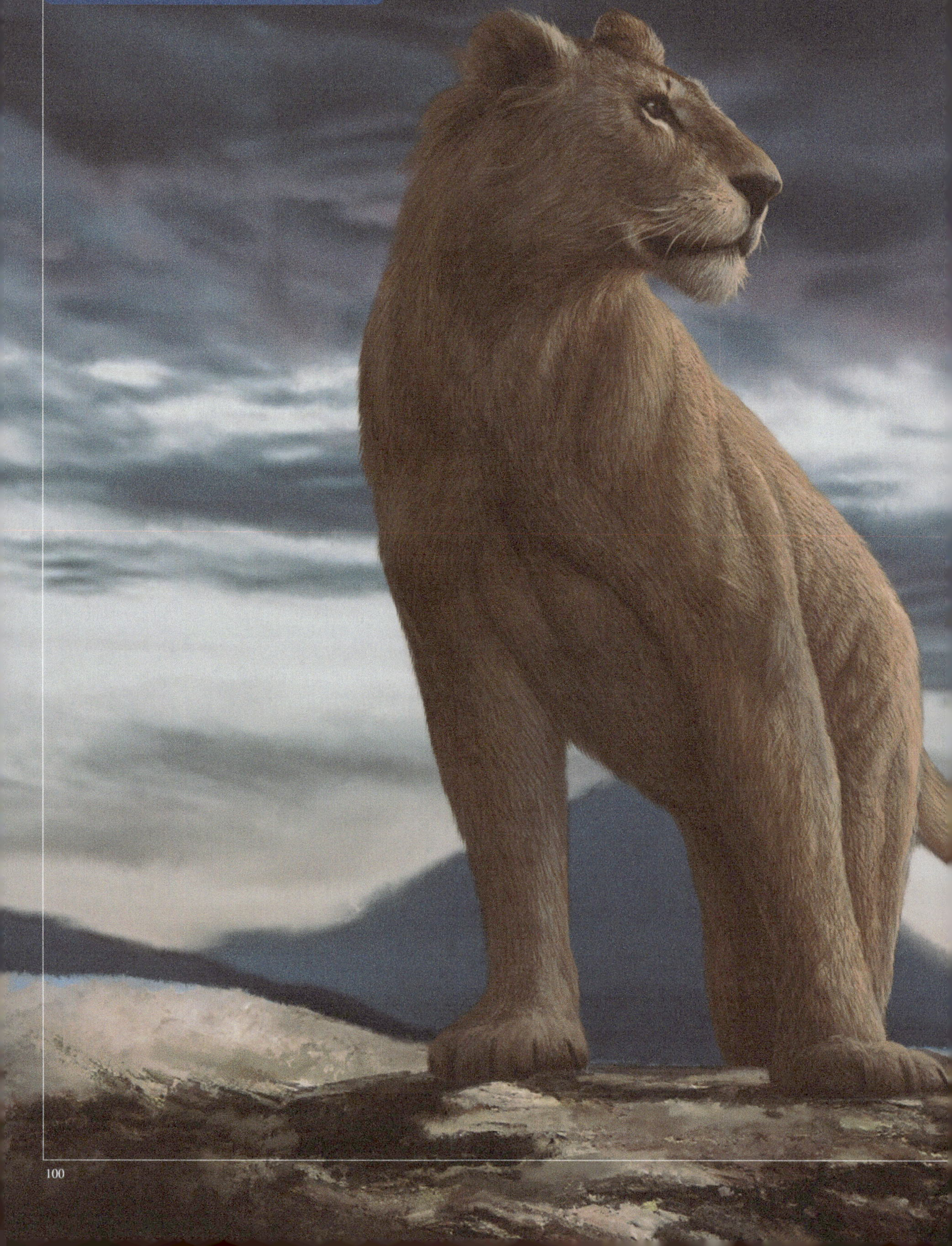

在雄伟的落基山脉中，一只成年美洲拟狮正巡视着自己的领地，它满身黄毛，身体健壮，就像"放大版"的雌性非洲狮。美洲拟狮迈着稳健的步伐登上一个制高点，昂着脑袋注视着四周属于自己的山地和森林。在这只美洲拟狮身后，傍晚的云朵变成了深青色，连绵的山峰在远方淡色的天空中勾勒出棱角分明的边缘。

档案：美洲拟狮

拉丁学名：_Panthera leo atrox_，含义是"残暴的狮子"

科学分类：食肉目，猫科，豹属，狮种

身高体重：体长 3.6 米，体重 255 ~ 350 千克

体型特征：体型类似今天的狮子，但是比狮子大，脑袋巨大，身体强壮

生存时期：更新世（距今 34 万年前 ~ 1 万年前）

发现地：美洲

生活环境：草原、山地

美洲大猫

19世纪中期，随着美国"西进运动"的开展，广阔的北美洲发现了许多化石。其中有一块大型猫科动物的颚骨被送到了美国古生物学奠基人约瑟夫·雷迪（Joseph Leidy）手中。经研究，雷迪认为这块化石属于一种

美洲拟狮的命名者、美国古生物学奠基人约瑟夫·雷迪。

狮子，将其命名为美洲狮（*Panthera leo atrox*），亚种名是"残暴"的意思。如今，这块化石的复制品摆放在费城自然科学学院的雷迪雕像下。由于中文里的"美洲狮"多指一种猫亚科的中型猛兽，因此其学名一般译为美洲拟狮。

拟狮通常被认为是狮的一个亚种，其生存范围几乎遍布大半个美洲大陆，从北方的阿拉斯加直到南美洲的秘鲁，在北美洲只有东部地区和科罗拉多州没有发现过它们的化石。如此广泛的分布显示美洲拟狮有很强的适应性，北方的冰原、亚热带的沼泽和南方的山区都难不倒它们。美洲拟狮出现于距今34万年前的晚更新世，到距今1万年前全部灭绝。

最大的猫科动物

美洲拟狮被认为是有史以来最大的猫科动物

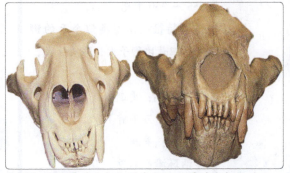

美洲拟狮头骨（右）与现存狮子头骨（左）的对比，足见其巨大粗壮程度。

之一，根据发现的化石判断，其体型比非洲狮大25%，有人甚至认为其极限体重超过420千克。目前的测算结果为，成年雄性美洲拟狮身长2.5米，肩高1.2米，体重为256～351千克。美洲拟狮的体型明显大于同时代美洲的其他大猫，不光存活至今的美洲豹、美洲狮要甘拜下风，就连大名鼎鼎的刃齿虎、锯齿虎也不如它们高大。

美洲拟狮的体格壮硕，外形与狮子相近，长有宽阔的脑袋和一张大嘴，一对长牙非常致命。美洲拟狮的四肢有力，前肢上的巨爪可以扑倒猎物。为了隐蔽，生活在北方的美洲拟狮毛发可能是白色的，而南方的美洲拟狮毛发可能是黄色的，不过雄性美洲拟狮或许没有今天雄狮颈部那样的环状鬃毛。

孤独的巨型猎手？

美洲拟狮在美洲分布很广，但相比刃齿虎、恐狼等猛兽，它们的化石数量并不多。基于此，许多人认为美洲拟狮的生活方式更接近今天的老虎，属于独居动物。在美国加利福尼亚州洛杉矶郊区的拉布雷亚沥青坑中，研究人员至今已掘出了超过80具美洲拟狮的化石，但比起数量上千的刃齿虎和恐狼的化石还是少很多，而且化石中雌雄数量相当，这点与狮群的雌雄结构明显不同，

强悍的猛兽

独居对美洲拟狮是一个重大挑战，它们必须具备高超的捕猎技巧，才能取得与群居捕食者接近的捕猎成功率，在竞争中谋得一席之地。经过测算，研究人员认为美洲拟狮的最高时速可达每小时48千米。在捕猎中，美洲拟狮会借助灌木杂草的掩护悄悄接近猎物，然后突然加速追上猎物，用有力的前肢将猎物扑倒，最后用长牙咬住猎物的喉咙来结束整个猎杀。

今天保存在博物馆中的美洲拟狮化石，它们曾是美洲体型最大的猫科动物。

显示美洲拟狮可能是一只一只掉进沥青坑中的。

近年来，有些科学家建议将狮子、猎豹和非洲象等动物引进北美洲的野外牧场，认为这样既可以易地保护，还能让它们填补更新世时北美拟狮、惊豹和哥伦比亚猛犸的生态位。这个计划看似诱人，但总的来说很不靠谱。

亚洲表哥杨氏虎

1921年，在北京周口店龙骨山山洞中发现了"北京人"（北京直立人）的化石，这一发现震惊了世界。在后来的发掘中，研究人员不但发现了大量的食草动物化石，还发现了一种猛兽的化石。1934年，中国著名考古学家、古生物学家裴文中根据发现的化石命名了杨氏虎（*Panthera youngi*）。尽管名字叫"虎"，但杨氏虎却是一种狮子，而且与洞狮和美洲拟狮有着很近的亲缘关系。相比较而言，杨氏虎与美洲拟狮的亲戚关系更近，不过生存年代稍早，其体型要比美洲拟狮小得多，凶猛程度应该也差一些。

北京周口店龙骨山上著名的北京猿人遗址，杨氏虎的化石就是在这附近发现的。

美洲拟狮的头骨化石，其强壮粗大的犬齿是致命的武器。

大块头的美洲拟狮善于猎食大型猎物，比如马鹿、野马、野牛甚至幼年猛犸象等。1979年，在阿拉斯加州发现了一具冰冻的野牛尸体，上面留有美洲拟狮的咬痕。据推测，这头野牛是在距今3.6万年前被美洲拟狮捕杀的。

大猫之死

美洲拟狮的祖先与洞狮一样，是生活在距今约150万年前东非的一个狮亚种，被称为化石狮。距今70万年前，化石狮离开非洲向外扩散，其中进入欧洲的一支演化成了洞狮。古生物学家猜测，一些洞狮为了追踪猎物，沿着亚洲的白令陆桥进入美洲，并演变成了后来的美洲拟狮。

美洲拟狮虽然在美洲快速扩散和繁衍，繁盛一时，但到距今1万年前却无声无息地消失了。美洲拟狮消失的时间恰巧与更新世末灭绝事件重合，成为当时灭绝的众多大型哺乳动物中的一员。当时进入美洲的人类，可能会将美洲拟狮作为威胁而主动清除，这加速了它们的灭绝。在美国爱达荷州一处古人类遗迹中，曾经发现了美洲拟狮的骨骼，年代是距今1.03万年前。

刃齿虎

凛凛的寒风吹过北美大平原，草木萧瑟，岩石高地上出现了一头致命刃齿虎的伟岸身影。它俯瞰着远处的兽群，毛发随风飘动，看似君临天下威风凛凛，其实最近相当不好过——冬季来临，猛犸、野牛、野马等食草动物纷纷远去南方草场，而不善远行、又不能离开自己领地的食肉动物很快就要挨饿了。此时刃齿虎已经走下巨石，消失在干枯的灌木丛中……为了撑过即将到来的困难日子，在接下来的几天里，它必须抓紧狩猎，不能浪费时间。

档案： 刃齿虎

拉丁学名： *Smilodon*，含义是"刀刃般的牙齿"

科学分类： 食肉目，猫科

身高体重： 体长2米，肩高1米，体重280～350千克（致命刃齿虎）

体型特征： 身材粗壮，前半身肌肉发达，剑齿细长侧扁，尾巴短小

生存时期： 更新世（距今250万年前～1万年前）

发现地： 北美洲、南美洲

生活环境： 林地、森林

最强壮的猫

一提到剑齿虎，许多人脑中或许就会浮现出一头犬牙长如利剑的大猫，比如动画电影《冰河世纪》中的迪亚戈。其实如果按学名，真正的剑齿虎（*Machairodus*）在冰河时代到来前已经灭绝，而且它们的剑齿也没这么长。流行文化和科普作品中最常见的"剑齿虎"其实是生活在美洲的刃齿虎。在曾出现过的所有"剑齿虎"当中，刃齿虎有着最长的犬齿、最多的化石，而且主要分布在科普水平发达的美国，因此它们拥有相当高的人气。

刃齿虎属于猫科，剑齿虎亚科，体格粗大强健，其中颈部、肩胛、前肢和前脚爪的肌肉极其发达，可以说是猫科动物中最强壮的成员。北美洲的致命刃齿虎（*S. fatalis*），个头跟今天的非洲雄狮差不多，体重却高达280～350千克，几乎是雄狮的2倍！南美洲的毁灭刃齿虎（*S. populator*）更大，肩高可超过1.2米，极限体重可能超过400千克，是史上最重的猫科动物之一，有些个体甚至拥有28厘米长的剑齿。刃齿虎的剑齿细长弯曲，侧面很薄，边缘锋利，如同两把长刀。然而，如此拉风的剑齿也十分脆弱，啃咬硬物或受撞击时很容易折断。

如果仔细观察，你会发现刃齿虎并不只是犬牙长一些、肌肉多一些的"加强版狮虎"。它们的头骨比狮、虎狭长，上下颌可张开超过120度，这远远超过狮虎的65度，不过它们的咬合力却

刃齿虎夸张的上犬齿、可大幅张开的下巴、加长且肌肉发达的颈部、异常强壮的肩膀和前肢，使它们拥有不同于狮、虎的捕猎方式。

只有狮子咬合力的1/3。刃齿虎的脖颈明显加长，前半身如同重量级摔跤运动员，其后腿明显短于前腿，尾巴更是短得可怜。夸张而脆弱的犬齿，"头重脚轻"的体态，都显示它们有着和狮、虎完全不同的猎杀方式。

动画电影《冰川世纪》和电影《史前一万年》中，都有刃齿虎出镜。

肉搏与刺击

科学家一般将剑齿虎家族分为"匕首牙"（Scimitar-tooth）和"马刀牙"（Dirk-tooth）两大类型。前者的上犬齿又短又宽，如同短弯刀，前后缘都有锋利的锯齿，如剑齿虎和锯齿虎。而剑齿细长侧扁的刃齿虎，则是"马刀牙"的代表。

对于刃齿虎如何使用这对"马刀牙"，科学家们曾有过不少猜想。有人认为，它们可以闭着嘴、用突出嘴外的剑齿刺穿猎物的厚皮；有人认为剑齿可以划开大型动物柔软的腹部、造成巨大的流血伤口；也有观点认为，刃齿虎只能用它们对付腐尸，顺便威吓一下其他猛兽。

经过一代代研究者的努力，刃齿虎的猎食秘技终被揭开——和大多数猫科动物一样，刃齿虎也要靠隐蔽伏击接近猎物。但它们并不像狮、虎、豹那样咬住猎物的喉咙、口鼻使其窒息，而是用强壮的身体迅速将猎物扑倒，然后使用锋利的剑齿割断其气管和动脉，力求一击致命。在这个过程中，刃齿虎不需要很强的咬力，它们会扭动肌肉发达的颈部，同时张大嘴巴给剑齿留出空间，像用手臂挥舞刀子一样将剑齿刺入猎物的喉咙。

在美国加州的拉布雷亚沥青坑，偶尔有猛犸、野牛等大型动物陷入其中，而前来享用"免费大餐"的致命刃齿虎也纷纷为此付出代价，丧身沥青中成为化石。

刃齿虎的猎食方式看似怪异，但比起狮、虎、豹的办法其实效率更高，尤其适合杀死比它们个头更大的猎物。在已发现的刃齿虎化石中，有不少个体都有前肢骨折、扭伤，剑齿折断的现象，这暗示它们的猎杀战斗是充满风险的。

新大陆之剑

与今天的大猫——豹亚科相比，剑齿虎亚科的历史要古老得多，它们曾在地球上繁衍了2000多万年。在冰河时代，亚欧大陆和非洲的剑齿虎类逐渐没落，到中更新世后已难觅踪迹；而在地球另一端的美洲大陆，强大威猛的刃齿虎却让剑齿虎家族迎来了最后的辉煌。

一般认为，刃齿虎的祖先是体大如豹的巨颏虎（*Megantereon*），它们在上新世时期从亚洲进入北美洲。距今约250万年前刃齿虎的第一个种纤细刃齿虎（*S. gracilis*）在北美洲出现，体重估计不超过100千克。

在冰河时代中后期，纤细刃齿虎的后代——致命刃齿虎在北美洲相当繁盛，足迹几乎遍及整个美国，光是在加利福尼亚州的拉布雷亚沥青坑中，研究人员就挖出了至少2500具化石！更新世的北美洲，数量众多的野牛、马类、驼类、鹿类甚至幼象为刃齿虎提供了充足的食物。不过，致命刃齿虎还不是当时北美洲最强大的猛兽，它们只能排在短面熊、美洲拟狮之后屈居第三，不过其种群数量则远超前两者。

当巴拿马陆桥形成后，进入南美洲的一支纤细刃齿虎演化成了毁灭刃齿虎。刃齿虎很快将南美洲原生的顶级掠食者细齿巨熊（*Arctotherium*）

刃齿虎前肢长、后肢短，不适合在开阔草原上快速奔跑，主要以伏击方式捕猎。

杀手帮 or 独行侠

尽管刃齿虎的身体结构很适合捕食大型动物，但科学家仍不免怀疑：它们是否真有能力独自干掉这些动辄重达半吨、1吨甚至更重的大家伙？在拉布雷亚沥青坑中出土的致命刃齿虎化石中，有许多显示了骨折后痊愈的痕迹，有学者推测它们可能得到了群体的照顾。

另外，雌雄刃齿虎的个头、粗壮程度非常接近，如果不看骨盆几乎难以分辨。看来为了捕食大型动物，雌性刃齿虎也不得不成为"女汉子"，同时这也意味着它们应该不会像母狮一样甘当雄狮的"后宫"。考虑到刃齿虎的生活环境不像狮子那么开阔，不太适合群体捕猎，可能最多是雌雄成对行动，或者三五只形成比较松散的小群。

今天的孟加拉虎有捕杀1吨重的雄性白肢野牛的记录，那么身体结构更适合对付野牛的刃齿虎，应当也有这个本事。

在BBC科普影片《与古兽同行》中，南美的毁灭刃齿虎被设想成类似狮群的群体，而且雌性在雄性面前明显弱势。但实际上刃齿虎的雌雄个体几乎体型相当，而且可能是独居的。

至于沥青坑里那些骨折痊愈的刃齿虎，它们即便得到群体的照顾，但是每天也要喝水，因此受伤后能活下来的个体，应该有能力自己走到水边。如果真是这样，哪怕是独居，受伤的刃齿虎也可以暂时靠食腐维持生活。而且沥青坑里数量众多的化石暗示，至少在食物丰富时，刃齿虎应该不排斥与同类分享。

和曲带鸟（*Phorusrhacos*）排挤至灭绝，在短时间内成为这里占统治地位的掠食者。而南美洲的大型食草动物，如箭齿兽、后弓兽等南方有蹄类，地懒、雕齿兽等大型贫齿类，居维叶象和剑乳齿象等象类，它们虽有一定的自卫能力，但大多行动缓慢，很容易成为毁灭刃齿虎的理想猎杀目标。

剑齿王朝落幕

在冰河时代的北美洲，致命刃齿虎虽与一票大小猛兽为伴，但在竞争中丝毫不落下风。可在距今约1万年前，它们还是和南美洲的毁灭刃齿虎一起迎来了"毁灭"，历史悠久的剑齿虎家族也随之终结。

距今1万多年前开始进入美洲的史前人类，尽管捕猎技巧超群，但要杀光数量众多的刃齿虎也不可能；而直到欧洲殖民者到来前，美国中西部的大平原上还有多达6000万头美洲野牛，难道还不够刃齿虎吃的？

其实一望无际的大平原和壮观的野牛群是刃齿虎无福消受的，它们沉重的身躯不适合在开阔草原上隐蔽、奔袭，其身体结构主要适合林地和灌木丛这种便于埋伏的环境。随着距今1.2万年前最后一次冰期结束，气候变化让整个美洲的植被分布发生重大改变，大型动物迅速减少、灭绝或迁徙他处，刃齿虎就这样失去了生存环境和生物来源。

异刃虎

档案：异刃虎

拉丁学名：*Xenosmilus*，含义是"怪异的刀刃"

科学分类：食肉目，猫科

身高体重：体长 1.8 ~ 2 米，体重 250 千克

体型特征：身体粗壮，前腿长后腿短，上犬齿宽而侧扁

生存时期：更新世（距今 170 万年前 ~ 100 万年前）

发现地：北美洲

生活环境：林地、森林

　　沼泽边，三只豹鬣狗正在啃食一具野马尸体，突然被异刃虎的吼叫声打断了美餐。出现在它们面前的是一头老年赫氏异刃虎，它的腿脚已不太灵便，但浑身肌肉和满口利齿依然威风犹存。豹鬣狗们并不想就这么放弃猎物，一个个鬣毛炸开，嚎叫着试图进行吓阻。但老异刃虎一个猛扑，一掌就把一头豹鬣狗拍倒在地，豹鬣狗挣扎了好几下才站起身来。豹鬣狗们不敢恋战，只好赶紧跑开，把剩下的大块好肉让给了异刃虎……

化石猎人的猎物

1981 年，美国业余化石猎人约翰·巴比尔兹（John Babierzi）及其同伴来到佛罗里达州寻找化石。巴比尔兹本打算寻找某种史前大型西貓的遗迹，他们在一个采石场中不仅找到了几十具西貓遗骸，并且还意外

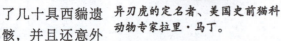

异刃虎的定名者、美国史前猫科动物专家拉里·马丁。

发现了两具近乎完整的大型食肉动物化石。巴比尔兹很快联系到了美国著名的史前食肉动物专家拉里·马丁（Larry Martin），并将化石送到马丁那里。

经过十余年的研究及新头骨的发现，马丁终于确定它们是剑齿虎家族中的一个新属，并于 1994 年将其命名为异刃虎（Xenosmilus），模式种赫氏异刃虎（X. hodsonae），异刃虎是猫科、剑齿虎亚科的一员。直到今天，异刃虎属中也只有这一个种。因为在佛罗里达州之外仅有疑似化石被发现，所以古生物学家认为它们仅分布于从新墨西哥州到南美洲北部的狭长区域内。

另类剑齿

在异刃虎被发现之前，科学家们一般把剑齿虎分为两类：一类是"弯刀牙"型，其剑齿比较粗短，身体瘦高，四肢细长，如锯齿虎；另一类是"马刀牙"型，剑齿比较细长，身体和四肢粗壮，如刃齿

与其他剑齿虎相比，异刃虎的"剑齿"不算特别大，但门齿和白齿都很发达。

虎。在更新世的北美洲，这两个属恰好代表了剑齿虎家族的两个发展方向。

然而异刃虎身上却混合了两类剑齿虎的特征：上犬齿长度不足 9 厘米，短而宽厚，边缘还带有锯齿，像锯齿虎；身躯和四肢粗短结实，几乎不逊于刃齿虎，就算在整个剑齿虎家族中，异刃虎的强壮程度也是排名靠前的。化石显示，异刃虎体长 1.8 ~ 2 米，体重可能有 250 千克，身材几乎像熊一样厚重。异刃虎的嘴巴能像其他剑齿虎那样张开很大角度，由于其头骨、牙齿和颈部结构更接近锯齿虎，因此研究者认为它们跟锯齿虎是亲戚，属于同一个演化分支。

异刃虎可不是将锯齿虎的脑袋装在刃齿虎的身体上那么简单的，它们身上还有一些与众不同的地方：其头骨较长，下颌深而结实，白齿非常发达，蕴含着巨大的咬合力。

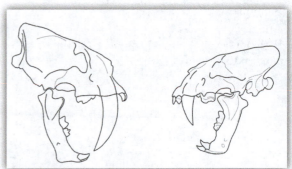

异刃虎（右）与刃齿虎（左）头骨对比，异刃虎的头骨比较低平，剑齿明显较小，但双颌发达有力。

恐怖切肉机

起初有观点猜测，异刃虎可能像鬣狗类一样经常捡拾腐尸、大嚼骨头，其强壮的身体是用来威慑、驱赶其他猛兽的。但在已知的现生和史前猫科动物中，并没有哪种以食腐为生，它们的消化系统难以对付骨头渣子。马丁等学者近年的研究表明，异刃虎的身体结构并不是用来食腐的（当然碰到吃霸王餐的机会也不拒绝），而是代表一种独特的捕猎方式。

刃齿虎、锯齿虎都把剑齿作为"一击必杀"的致命武器，力求攻击猎物的致命部位，尽快将其杀死。但异刃虎的猎杀套路，可能完全不同于

异刃虎骨骼化石，可见其肢骨粗壮有力，能附着大量肌肉。

这种"典型"剑齿虎风格——异刃虎既非"马刀牙"也非"弯刀牙"，其犬齿和门齿的组合更像是"饼干模具刀"（Cookie-cutter）。刃齿虎、锯齿虎主要用发达的犬齿攻击猎物，门齿却相对较弱，只能在进食时用来从猎物尸体骨头上剔肉；异刃虎则不同，其犬齿和门齿之间空隙很小，边缘又都有锯齿，能够形成连续的撕咬面，同时发挥作用。

研究者们推测，异刃虎对付猎物时，很可能是一边用强壮的身体和粗大的利爪将其压制得无法动弹，同时用犬齿、门齿猛烈撕咬猎物皮肉，甚至可能从猎物身上大口大口地咬下肉块，让其严重失血而死。这种方式与其说像猫科动物，倒不如说更像食肉恐龙或鲨鱼。虽然也能迅速让猎物失去抵抗力，但委实足够血腥。

重重迷雾

尽管对异刃虎的研究已经有 30 多年了，但由于化石有限，异刃虎至今仍然是最神秘的更新世猛兽之一。在 19 世纪中期，美国就已开展大规模的化石发掘工作，可为什么在 20 世纪末才发现这种大型食肉兽呢？目前已知的异刃虎化石记录都集中在距今 170 万年前～100 万年前，在代表晚更新世的拉布雷亚沥青坑中却没有发现其化石，难道是它们的灭绝才给刃齿虎提供了生存空间，促使著名的致命刃齿虎出现？或者异刃虎是否在激烈竞争中选择了相对专一的食性，导致其长期处于边缘的生态位，数量也较为稀少？恐怕只有等到更多新化石出土，这些谜团才能被逐一解开。

西貒猎手？

化石猎人们发现异刃虎化石出土的地方，或许就是它们的巢穴，而那些西貒就是它们一次次拖回去享用的猎物遗骸。难道西貒真的是异刃虎的主要猎物？异刃虎的沉重体型和粗短四肢限制了它们的奔跑能力，在开阔地形上它们很难追上马类、野牛和叉角羚等善于奔跑的动物。埋伏在茂密的林地中应该更适合异刃虎，而这恰恰也是西貒偏好的环境。

今天南美洲森林中的白唇貒，拥有小野猪般的尖利犬齿和凶暴脾气，成群时连美洲豹都要避让三分，而史前的北美西貒（如平头貒）体型更大，更难对付。异刃虎的体力和速杀技巧或许能对付它们，但仍然是高风险的猎食。

作为一种大型猛兽，异刃虎的猎物很可能不局限于西貒，甚至有博物馆给它安排了挑战雕齿兽的场面。

惊豹

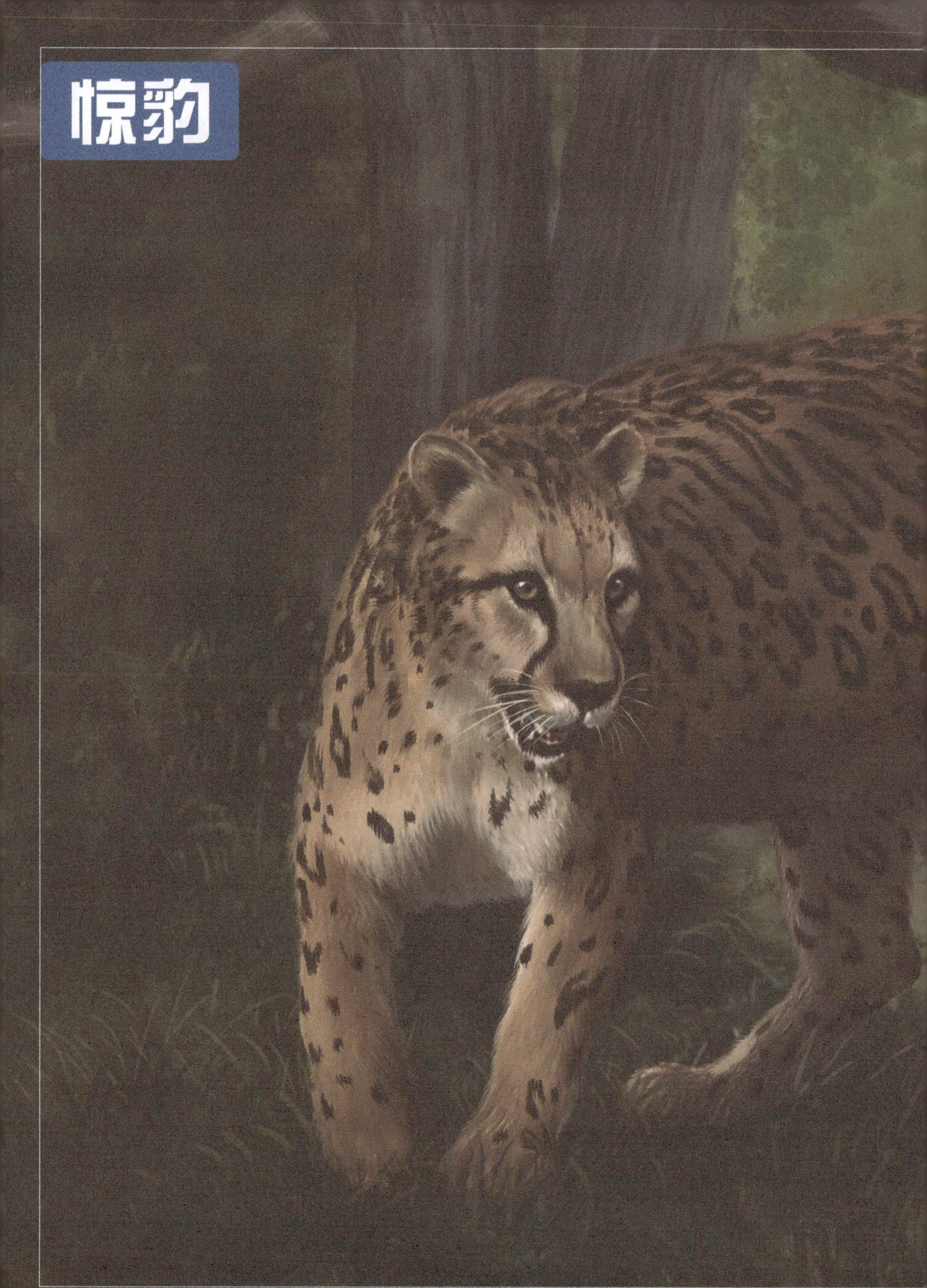

北美洲山脚下的树林中，一头年轻的意外惊豹从睡梦中醒来，溜下树杈，准备开始自己的第一次狩猎。它两天前才开始独自生活，经过漫无目标地游荡，终于发现了一小群吵吵嚷嚷的平头貒。正当它准备出击时，一头刃齿虎猛然现身，平头貒们惊恐逃窜……年轻的惊豹或许不知道，这样对它其实是种幸运，因为老练的惊豹是不会挑战这种危险目标的。

档案：惊豹

拉丁学名：*Miracinonyx*，含义是"令人惊异的猎豹"

科学分类：食肉目，猫科

身高体重：体长 2 ~ 2.6 米，体重 60 ~ 70 千克

体型特征：外形似猎豹或美洲狮，身体和四肢细长，脑袋小而圆

生存时期：上新世至更新世（距今 400 万年前 ~ 1.2 万年前）

发现地：北美洲

生活环境：草原、山地

惊异之豹

冰河时代的北美洲被认为是最凶险的猛兽竞技场之一，短面熊、美洲拟狮、刃齿虎、锯齿虎、恐狼及存活至今的狼、灰熊、美洲狮、美洲豹等同时生活在这片土地上。除了它们，当时还有一种类似猎豹的神秘大猫——惊豹（Miracinonyx）。

惊豹又称美洲猎豹、北美猎豹，属于猫科猫亚科。它们身上有许多和今天猎豹非常相似的特征，如身体纤细、四肢修长、脑袋小而圆、鼻腔宽阔、犬齿较小等等。猎豹是猫科中唯一脚爪不能缩回的种类，牺牲了爪子的锋利度，却提高了快速冲刺时的抓地力。惊豹在这方面与猎豹不同，它们的脚爪和其他猫科动物一样，奔跑时是缩回爪鞘的。

已知的惊豹有两种，其中年代较早的是意外惊豹（M. inexpectatus），其体型几乎跟美洲豹一般大，肩高约85厘米，身躯、四肢也比今天的猎豹粗壮，但比美洲豹苗条些；生存年代较晚的是杜氏惊豹（M. trumani），其更像猎豹，体型比猎豹稍微大一点。

近些年的DNA检测表明，在今天的猫科动物中，与惊豹关系最接近的是美洲狮，它们的共同祖先大约在距今800多万年前从亚洲进入北美洲。距今约500万年前，这些美洲大猫当中又有一支重返亚洲、进入非洲，后裔中就包括今天的猎豹。这样看来，惊豹和猎豹的亲缘关系虽不算太远，但两者很早就分道扬镳了。

叉角羚是美国大平原的代表性物种，奔跑能力在今天的哺乳动物中仅次于猎豹。

史前极速竞赛

在今天的北美洲，生活着地球上除了猎豹之外奔跑速度第二快的动物，它们就是叉角羚。叉角羚的最高奔跑速度可达每小时88千米，能一口气以每小时56千米的速度跑上4分钟，将狼、灰熊和美洲狮远远甩在身后。

叉角羚并不是真正的羚羊，它自成一个叉角羚科。除了雄性角分叉之外，它们还有高度优化的身体结构：与一只个头相仿的绵羊相比，叉角羚的心、肺和气管都大出许多，再加上细长的四肢、富有弹性的脊椎以及细胞中密集的线粒体，使其无论冲刺还是长跑都游刃有余。

叉角羚跑得如此之快，以至于今天北美洲的捕食者都追不上它，这是不是有点"能力过剩"？一些科学家认为，在过去几百万年中，惊豹和叉角羚的祖先曾年复一年上演着如同非洲草原上猎豹追逐瞪羚的好戏，两者在共同演化中都越跑越快。如今，惊豹灭绝了，只剩下叉角羚独自秀着

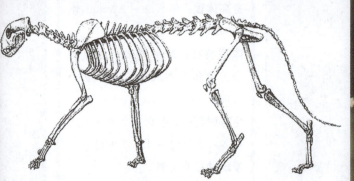

至今尚未发现惊豹的完整化石，只能根据部分骨骼、牙齿碎片推测其骨架。

猎豹的身体结构极其适应快速奔跑。

即便是今天的猎豹，也可以在伊朗北部的山区生活，更不要说是惊豹了。

冰期时的科罗拉多大峡谷气候比今天湿润，刃齿虎、地懒、巨足驼等都曾在此生存，惊豹也是这个生态中的一员。

奔跑绝技。然而，事实真的如此吗？

测它们的习性确实比较困难。

生存环境

已知的惊豹化石很少，大多来自更新世时美国中南部地区的开阔草原、稀树草原。但 2010 年，研究者在亚利桑那州大峡谷的山洞中发现了杜氏惊豹的化石。这样看来，惊豹的生活环境不仅仅是草原，还有山地。

当然，即便今天的猎豹，也不只是在平坦草原上才能施展本领。猎豹在亚洲的最后壁垒就在伊朗北部山区，并以山中的野绵羊、野山羊等为食。而且早有古生物学家注意到，惊豹身上那些"类似猎豹的特征"在山地生活的雪豹、美洲狮身上也多少有所体现。再加上惊豹和猎豹最多只能算堂兄弟，因此惊豹即便不是攀岩专家，也可能是类似美洲狮这样能跑善跳的全能选手。可惜的是，由于惊豹只有少量破碎化石，科学家要想准确推

犬科与猫科之间

实际上，叉角羚一族在北美洲足足演化了 2000 多万年，远比惊豹要久远，而北美又是犬科动物的起源和演化中心。有观点认为，叉角羚出色的奔跑能力或许是为了对付集群捕猎、耐力超群的犬类而演化形成的。叉角羚超高的起跑速度，有利于在第一时间摆脱掠食者的追击。在今天，其实叉角羚也远非高枕无忧，它们最大的威胁来自郊狼。郊狼体型虽小，也不结成大群，但奔跑速度很快，擅长捕捉敏捷的叉角羚。

在犬科动物强势的北美洲，如果惊豹采取完全类似猎豹的生活方式，或许并没有太大的生存空间。另一方面，大型食肉动物的竞争也非常激烈，留给惊豹的可能只是些比较边缘的生态位。惊豹的化石如此稀少，或许这就是主要原因。

游走的幽灵

与冰河时代的许多美洲猛兽一样，惊豹也没能挺过距今 1.2 万年前～1 万年前的那次灭绝。多年以来，在墨西哥西北部和美墨边境一直流传着某种不同于美洲豹、美洲狮的中型猫科动物的消息。这种动物通常被描述为一种身体纤细、四肢瘦长的大猫，这似乎有些符合惊豹的外形特征。当地印第安人的传说也提及过这种动物，西班牙语则称其称为"昂萨"。20 世纪初，有猎人打死过"昂萨"，对其头骨分析、毛皮 DNA 检测的结果表明，"昂萨"只不过是长得有些另类的美洲狮而已。

惊豹的近亲美洲狮是拥有今天适应能力最强的长距离猫科动物，从草原、森林、荒漠到高山都有它们的足迹，其跳跃能力更是首屈一指。

短面熊

加拿大育空地区的广阔冰原上，满眼的银色成为这里的主色调。风雪之中，一头身披深棕色毛发的巨型短面熊正在前进。与今天的各种熊不同，短面熊肩膀更高，四肢更长，显得更加凶悍。迈着大步的短面熊看上去非常灵活，大脚掌在雪地上留下一串规则的脚印。向前走了几步，短面熊停了下来，然后抬起鼻子嗅了嗅空气。在冰河时代的北美大陆，它们堪称强大无比的猛兽之王。

档案：短面熊

拉丁学名：*Arctodus*，含义是"熊的牙齿"

科学分类：食肉目，熊科

身高体重：体长约 3.5 米，体重 600 ～ 900 千克

体型特征：体型大于今天的棕熊，脑袋巨大短宽，身体强壮，四肢修长

生存时期：更新世（距今 80 万年前 ~ 1 万年前）

发现地：北美洲

生活环境：山地、草原

巨型短面熊的骨骼化石，它们是曾经生活在北美洲最大型的食肉动物。

短面熊的发现

19世纪中叶，"西进运动"的风潮席卷北美大地，人们纷纷朝西部移民，而西部的大量化石却被装箱东运，来到了美国东部的研究机构中。1854年，古生物学家约瑟夫·雷迪根据化石建立了短面熊属（*Arctodus*），并命名了模式种：细短面熊（*A. pristinus*）。1897年，才华横溢的古生物学家爱德华·德林克·科普（Edward Drinker Cope）命名了短面熊属的第二个种：巨型短面熊（*A. simus*）。虽然同属短面熊属，但是细短面熊比巨型短面熊更小也更原始。

在熊科动物中，短面熊属于眼镜熊亚科，与今天南美洲安第斯山区的小个子眼镜熊是远房亲戚。因为巨型短面熊有可能捕食美洲野牛和长角野牛，所以又号称"噬牛熊"。巨型短面熊的足迹遍布整个北美洲，从北方的阿拉斯加开始，经由加拿大直到墨西哥中部。短面熊在美国的分布从西海岸的加利福尼亚州直到东海岸的弗吉尼亚州，其中又以加州发现最多。巨型短面熊出现于距今80万年前的中更新世，到距今1万年前全部灭绝。

北美之王

在更新世的北美洲曾经生存着许多体型巨大的食肉动物，比如美洲拟狮、刃齿虎等，但没有一种能与巨型短面熊相比。巨型短面熊下还有两个亚种，分别是育空亚种（*A. s. yukonensis*）和巨型亚种（*A. s. simus*），其中育空亚种体型更大，平均体重600～900千克，超过了今天的棕熊和北极熊，也超过同时代欧洲的洞熊。

不仅是体重，在身高方面巨型短面熊也占优势，当它站起来的时候高度可达3.4米。目前已知最大个体的巨型短面熊来自加拿大育空地区，其体重超过1吨，站立时高达4.3米，绝对是巨型短面熊家族中的姚明！巨型短面熊在面对其他食肉动物时具有压倒性优势，对峙中只要立起高大的身体，马上就会让对手感到巨大的视觉压力，往往能达到"不战而屈人之兵"的效果。

不像熊样的巨熊

在我们的印象里，熊科动物都有着长脑袋、肥胖的身体和短粗的四肢，走起路来东摇西晃，看上去懒洋洋的。巨型短面熊的样子却和我们印象中的熊完全不同，可以说是"没有熊样"。

和今天的熊科动物不同，巨型短面熊的脸短而宽，倒有点像狮子等大型猫科动物；宽脸的巨型短面熊眼眶孔是今天棕熊的两倍大，其拥有熊科中少有的良好视力；巨型短面熊的下颌上还有分隔肌肉连接的斜脊，颊骨肌肉发育非常好，赋予了它们强大的咬合力；巨型短面熊的四肢要明显长于今天熊科动物的四肢，长腿让它们迈出的步子也很大；大部分熊科动物走起路来都是脚趾向内的"内八字"，巨型短面熊的步伐却是笔直的，这使它们奔跑迅速，而且在奔跑中有不错的耐力。

从上面的分析看，巨型短面熊的确是没有熊样，它们就像是熊科中的狮子，具有非同凡响的身体结构和生存能力。

博物馆中的巨型短面熊复原模型，站立起来时足有两人高。

一只行走姿态的巨型短面熊雕像，其细长的四肢很有特色。

巨型短面熊化石，前面的淡色骨骼和边框是一只灰熊，如此对比更显其巨大。

拿着南美巨型短面熊肱骨化石的布莱恩·舒伯特，其手中骨骼的强壮程度可以与旁边大象相比。

巨型短面熊现存的最近亲戚，是比亚洲黑熊还小一号、以素食为主的眼镜熊，生活在南美洲安第斯山区的云雾林中。

一山更比一山高

拥有高大体型、惊人体重的巨型短面熊在熊科中已经是名列前茅的了，不过最大的熊却不是它们，真正的熊中巨无霸是它们在南美洲的亲戚——南美细齿巨熊。

2011年，古生物学家布莱恩·舒伯特（Blaine Schubert）等人对一些1935年发现于阿根廷布宜诺斯艾利斯的南美细齿巨熊（*Arctotherium angustidens*）化石进行测量分析。通过对其中一块肱骨的研究，研究人员套用公式推算出了这头史前巨熊的体型，它是一头站立时高度超过3.4米，体重近1.6吨的老家伙。就这样，这头老年雄性南美细齿巨熊成为目前人类已知的史上第一巨熊。平均体重在0.8～1.2吨的南美巨型短面熊也成为熊科家族中的大哥大。

古生物学家发现，南美巨型短面熊在刚刚来到南美洲时体型很大，但随着时间的推移，它们的体型逐渐变小，最后在冰河时代早期灭绝。与之相反的是，北美洲的巨型短面熊在生存中体型逐渐变大，最终完成了逆袭。

以打劫为生

经过放射性同位素测试，研究者发现巨型短面熊的骨骼中含有高浓度的氮15，说明它们是纯粹的食肉动物。一头成年巨型短面熊每天至少需要16千克的肉才能维持正常生活，这么多肉去哪儿找呢？人们普遍认为腿长善跑的巨型短面熊以野牛这样的大型动物为食，不过研究发现它们的转弯能力很差，难以追上快速奔跑的猎物。为了生存，巨型短面熊干起了打劫的勾当，它们最拿手的就是抢走别人的食物。

在冰河时代的北美洲，像恐狼、刃齿虎、美洲拟狮这样的猛兽都是出色的猎手，它们总能捕获猎物。而巨型短面熊的嗅觉和其他熊类一样敏锐，在这些猛兽捕到猎物后，巨熊能循着气味追踪而来，它们也只有识趣地赶紧离开了。抢劫或许是巨型短面熊最重要的生存手段，拥有体型绝对优势的它们非常享受这种不劳而获的感觉。不过，站在食物链"顶端中的顶端"，也注定它们的数量不会很多。

短面熊的灭绝

距今约1万年前，北美洲的巨型短面熊全部灭绝，而当时正值创造了"克洛维斯文化"的早期人类移民进入美洲。巨型短面熊可能是人类碰到过的最强猛兽，即便手持投矛等先进武器的克洛维斯猎人也难以正面抗衡，但他们可能会把这些巨熊视为生存威胁，设法清除。此外，或许还有几大原因造成了巨型短面熊的灭绝：冰期结束时许多大型食草动物迁徙、消失，使巨型短面熊面临食物匮乏；巨型短面熊平时独居，领土面积很大，当种群数量减少时同类难以碰面，严重影响繁殖；其他熊类进入北美洲，与巨型短面熊展开了激烈的竞争。

从更新世结束直到19世纪美国"西进运动"的1万年里，北美洲西北部是棕熊的乐园。不过化石显示，当棕熊来到北美洲时，因为受到巨型短面熊的强大压力而被迫迁移，直到巨型短面熊灭绝后它们才重新在这里扎根。尽管巨型短面熊更加庞大威猛，但是食性杂、体型小的棕熊却成功度过了冰河时代末期的灭绝，成为今天北美洲的最强猛兽。

恐狼

　　月黑风高的夜晚，空旷的原野上传来凄厉的狼嚎声，两双绿莹莹的眼睛在黑暗中若隐若现。很快，两只恐狼在夜色中现身，它们身形矫健，步伐敏捷。走着走着，打头的恐狼停了下来，它竖着耳朵听着，似乎听到了什么，恐狼的表情突然发生了变化，它呲着牙发出低沉的咆哮声，好像受到了威胁。后面另一只恐狼也压低了身子，一双眼睛紧盯着前方的黑暗。

档案：恐狼

拉丁学名：*Canis dirus*，含义是"恐怖的犬"

科学分类：食肉目，犬科，犬属，狼种

身高体重：体长1.5米，体重50～70千克

体型特征：体型类似于今天的灰狼，比灰狼稍大，其脑袋巨大，身体强壮，四肢相对较短

生存时期：更新世（距今180万年前～1万年前）

发现地：美洲

生活环境：草原、山地、森林、沙漠

恐狼的发现

1854 年的夏天，随着俄亥俄河水位的降低，弗朗西斯·A·林克（Francis A. Linck）在露出来的堤岸上发现了一块颌骨化石。后来，约瑟夫·格兰维尔·诺伍德（Joseph Granville Norwood）博士得到了这块化石，并将其交给著名的古生物学家约瑟夫·雷迪。雷迪根据骨骼判断，化石属于一种已灭绝的狼，在 1858 年发表的论文中，他将这种动物命名为恐狼（*Canis dirus*）。

恐狼和今天的狼一样属于犬科、犬属，生存范围曾经遍布整个北美洲，从北方的阿拉斯加到南方的墨西哥湾，甚至在南美洲的玻利维亚也有少量发现。恐狼的适应力很强，无论是北方的冰原还是南方的热带沼泽，都能见到它们的身影，其生存范围最高达到海拔 2255 米。恐狼出现于距今 180 万年前的早更新世，在距今 1 万年前全部灭绝。

史上第一狼

如果不算人类培育的大型犬类，今天体型最大的犬科动物是生活在北美洲的灰狼。成年灰狼的平均体长 1.3 米，肩高 0.75 米，体重在 45 ~ 70 千克；亚欧大陆的很多灰狼亚种都远远小于这个体型。恐狼的平均体长 1.5 米，肩高 0.75 米，体重在 50 ~ 79 千克，体型比灰狼大 10%。即使是极大个体的灰狼也只能达到恐狼的平均体型，因此恐狼也就不争地成为已知最大的犬亚科动物，只有史前犬科的另一个分支——恐犬亚科中的海氏上犬（Epicyon haydeni）比它大些。

恐狼不仅体型大，而且骨骼粗壮，身体结实。与灰狼比起来，恐狼拥有更大更重的头骨，更粗的身体及四肢骨骼。恐狼曾经与灰狼共存了大约 10 万年时间，这段时间里它们明显占有优势，压制了灰狼。尽管脑袋更大，但是研究却表明恐狼的相对脑容量不如灰狼，看来大块头并非具有大智慧。

顺便一提，恐狼的英文俗称是 Dire Wolf，后来许多欧美奇幻作品中的狼形生物也借用了这个名字，比如《冰与火之歌》中北方领主

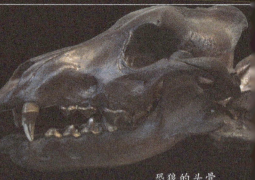

恐狼的头骨，其强壮的双颌具有强大的咬合力，可以咬碎骨头。

史塔克家族的家徽——冰原狼。

冰河时代清道夫

史前地球的恐狼，虽无冰原狼那样与狮子相当的强悍战力，但依然是巨大而凶猛的掠食者，而且也有狼族的典型习性：成群捕猎。恐狼有时会组成 30 只的大群体活动，当群体出击时可以杀死体型比自己大 10 倍的猎物，比如北美野牛、西方马和驯鹿等动物。研究人员曾在许多恐狼的骨骼上发现了已经愈合和正在愈合的伤痕，这些伤痕是它们在捕猎大型猎物时留下的，看来捕猎很危险。

除了主动捕猎，恐狼还会食用动物尸体，它们是当时的重要清道夫之一。恐狼的头骨较为宽阔，下颌肌肉群发达，具有比灰狼高 30% 的咬合力。不仅咬合力大，恐狼的牙齿也比灰狼大，而且齿冠上普遍存在严重磨损的痕迹，这说明它们经常啃食骨头。从体型上看，身体健壮、四肢较短的恐狼还有点像今天非洲的斑鬣狗，暗示两者很可能具有相似的生活习性，既能自己捕猎大中型食草动物，也经常食腐。

装架之后的恐狼化石，其化石的发现量非常大。

复原之后的恐狼模型，它的样子与今天的北美灰狼差不多，不过没有灰狼聪明。

拉布雷亚沥青坑中发现的恐狼头骨数量巨大，这是一面展示数百个头骨的展示墙。

奔跑姿态的恐狼骨架，它们是一种活跃的掠食者。

繁荣家族

既能捕猎，又能食腐的恐狼具有顽强的生命力，它们成为当时最常见、数量最多的大型掠食者。在著名的位于洛杉矶拉布雷亚沥青坑中，人们已经发现了超过3600具恐狼化石，零碎的骨骼更是超过2万块，如此巨大的化石数量超过这里其他任何一种大型动物。古生物学家曾在一个只有3立方米的沥青池中清理出了50个恐狼头骨、30个刃齿虎头骨以及若干野牛、西方马、响尾蛇等动物的化石。

除了洛杉矶，古生物学家还在遍布于北美洲的130多个化石点中发现了大量恐狼化石，这充分证明了恐狼家族的繁荣。群居的恐狼在捕猎时具有很高的成功率，在面对其他大型食肉动物时也能够通过团队力量保住辛苦抓到的猎物。无论山地还是平原，无论寒带还是热带，都挡不住恐狼扩张的脚步。

恐狼哪里来

恐狼与灰狼外形相似，生存地域和时代重叠，不过它们的关系较远，没有直接的演化关系。那么恐狼的祖先又是谁呢？化石显示，在距今1000万年前的晚中新世，北美洲出现了最早的犬类动物。距今800万年前，这些犬类动物通过陆桥进入亚欧大陆，成为今天的狼、胡狼、狐与貉的祖先。

进入亚洲的犬类中有一支后来返回北美洲，并在距今约200万年前演化为安氏狼（Canis ambrusteri），这种动物被认为是恐狼的直系祖先。距今180万年前，恐狼出现了，而安氏狼逐渐被取代，并最终于距今30万年前消失。就在安氏狼消失的同时，灰狼经过白令陆桥进入北美洲，它们在恐狼的压力下艰难地在北美洲扩张。尽管灰狼的生存范围不断扩大，但数量仍比不上恐狼。在共存了约10万年之后，灰狼最终取代了恐狼的位置，坚守着北美洲这个犬科动物起源和演化的大本营。

恐狼的灭绝

无论是从数量还是从分布区域上看，恐狼都是十分成功的犬科动物，但是它们的成功却在距今1万年前戛然而止，到底是什么因素导致了它们的灭绝呢？宏观来看，恐狼也是更新世末期大灭绝事件的受害者之一。在距今至少1.3万年前，人类通过白令陆桥进入美洲，许多大型哺乳动物开始消失。随着大型动物数量的减少，恐狼的食物也变得越来越匮乏，最终导致了它们走向灭亡。而与恐狼生存在一起的灰狼、郊狼等犬科动物，由于体型较小、食性较杂，可以经常抓些小型动物甚至吃素充饥，因此当面临着某一类食物消失的问题时，它们可以迅速调整自身的食物构成，保证生存。

尽管人类活动间接导致了恐狼的灭绝，但是人类的狩猎活动却没有杀死多少恐狼。当恐狼最终从北美洲消失之后，灰狼迎来了春天，它们迅速接管了恐狼留下的地盘，成为今天北美洲以及世界上最大的犬科动物。

灰狼，今天最大的犬科动物，它们是在恐狼消失之后迅速崛起的。

泰坦鸟

温暖的佛罗里达平原上，一群恐狼竭尽全力，终于杀死了一头近1吨重的野牛。就在它们准备大块朵颐时，一个不速之客突然出现在不远处，那是一只泰坦鸟。面目狰狞的泰坦鸟渐渐靠近，它俯视着面前的恐狼，要抢夺它们的食物。护食的恐狼挡在泰坦鸟面前想逼退对方，但是泰坦鸟毫不示弱，它居高临下，巨大的嘴喙发出"咔哒咔哒"的响声，吓得恐狼们向后退去。

档案：泰坦鸟

拉丁学名：*Titanis*，含义是"巨大的鸟"

科学分类：叫鹤目，恐鹤科

身高体重：身高 2.5 米，体重 150 千克

体型特征：大型陆行鸟，有巨大的脑袋和喙，翅膀短小，双腿长而健壮

生存时期：上新世至更新世（距今 300 万年前～180 万年前）

发现地：北美洲

生活环境：林地、森林草原

泰坦鸟的发现

泰坦鸟的命名者——皮尔斯·罗德科伯，他手中黑色的骨头便是泰坦鸟的跗蹠骨。

20世纪60年代初，本杰明·I·沃勒（Benjamin I. Waller）在美国南部佛罗里达州发现了一些大型鸟类的骨骼化石，他将自己的发现交给了古生物学家皮尔斯·罗德科伯（Pierce Brodkorb）。根据化石的尺寸，罗德科伯确定这是一种史前巨鸟，他在1963年将其命名为泰坦鸟（Titanis），又称泰坦巨鸟或恐怖鸟。目前泰坦鸟属只有一个种，即沃氏泰坦鸟（T. walleri），种名献给化石的发现者沃勒。

泰坦鸟属于一个古老的鸟类家族——叫鹤目（Cariamae），与今天南美洲的两种叫鹤是亲戚，但属于另一个分支恐鹤科（Phorusrhacidae）。目前只在美国南部的佛罗里达州、得克萨斯州发现了泰坦鸟的化石，可能它们无法在寒冷地区生存。泰坦鸟主要生存于距今300万年前至180万年前的晚上新世到早更新世，不过在得克萨斯州晚更新世沉积层中发现的化石显示，它们可能直到距今1.5万年前才灭绝。

"迷你"暴龙

成年的泰坦鸟身高2.5米，体重150千克，比今天的鸵鸟还要略大些。与吃素为主、脑袋很小的鸵鸟不同，泰坦鸟显得凶暴很多，尤其是硕大的头颅和厚重锐利的巨喙，看起来甚至有几分白垩纪暴龙的神韵。

泰坦鸟的脑袋巨大，呈长方形，坚硬的角质喙前端锋利。为了支撑沉重的脑袋，泰坦鸟的脖子粗长，身体强壮，翅膀却退化得很小，上面还有短小的爪子，简直就像暴龙的"小短手"一样。与短小的前肢形成鲜明对比的，是泰坦鸟修长健壮、肌肉发达的后肢。凭借这双推进器，泰坦鸟在地面上的最快奔跑时速可以达到每小时65千米。体型高大、凶猛好斗的泰坦鸟就像"迷你"暴龙，称霸于上新世的北美洲南部地区。

南美凶禽第一家族

从分类学上看，泰坦鸟属于恐鹤科下的恐鹤亚科（Phorusrhacinae）。除泰坦鸟外，其他所有的恐鹤科成员都生活在南美洲，它们祖祖辈辈都在这块大陆上生存演化，生存年代从距今6200万年前直到距今200万年前，几乎横跨整个新生代。

像泰坦鸟一样，恐鹤科的大部分成员都是体型高大、不会飞行的鸟类，它们长有巨大的脑袋和强壮的后肢，是南美洲的顶级掠食者。

保存在博物馆中的泰坦鸟化石，强壮的后肢赋予它很高的速度。

恐鹤的化石，在旁边有袋剑齿虎的头骨，它们曾经在南美洲共同生存了很长时间。

巨喙杀戮

与晚上新世北美洲的其他食肉动物不同，泰坦鸟有一套截然不同的猎杀方法。泰坦鸟通常选择比自己低矮的猎物，它们会悄悄接近，当距离足够近时就迈开大步猛冲过去。高速奔跑的泰坦鸟很容易就能追上猎物，这时再动用大杀器——巨大坚固的角质喙。泰坦鸟的角质喙不但边缘锋利，前面还有一个类似鹰嘴的弯钩，当它们捕猎的时候不是简单张开嘴去咬，而是仰起脑袋用尖锐的弯钩敲击猎物，就好像用尖嘴锤敲东西一样。

借助着沉重头颅的向下加速度，泰坦鸟几次攻击就能将猎物打倒。除了可怕的角质喙，泰坦鸟在捕猎时还会用强壮后肢上的大爪子猛踢猎物，一般的中小型动物根本经受不住巨喙和大脚的攻击，很快就会被杀死。

泰坦鸟的头骨化石，其角质喙前端弯曲的钩具有巨大的杀伤力。

距今300万年前，巴拿马地峡形成，南北美洲开始了大规模的生物迁移。包括短面熊、刃齿虎、犬类在内的大量食肉动物经过地峡从北美洲进入南美洲，面对北方猛兽的强势来袭，恐鹤科在苦苦支撑了几十万年后最终从南美洲完全消失。

来自南美洲的逆袭

正当南美洲的恐鹤科在北方猛兽的强势竞争下艰难度日时，它们当中也有一些成员经过巴拿马地峡向北进入北美洲，完成了华丽的逆袭，它们的后代就是泰坦鸟。在新世界中，泰坦鸟同样面对着刃齿虎等食肉动物的竞争，但经过强化的它们已能抵挡一阵。在激烈的生存竞争中，泰坦鸟成功地幸存了下来，甚至比它们留在南方老家的亲戚们坚持得更久。泰坦鸟是恐鹤科中灭绝时间最晚的成员，也是该科中体型最大的成员之一。在南北美洲大规模生物迁移中，泰坦鸟是唯一一种从南美洲进入北美洲的大型食肉动物。

最后的巨鸟

如果在得克萨斯州更新世沉积层中发现的泰坦鸟化石属实，那么它们将成为美洲大陆上最后一批地栖食肉巨鸟。由于泰坦鸟的骨骼较轻而且中空，所以它们的骨骼化石很难被保存下来，这也限制了对其生存年代、生存范围的判断。

就算泰坦鸟真的生存至"史前一万年"，经过与其他肉食动物的竞争，它们的数量也已经很少了。不过也有间接证据表明，最早来到美国南部的人类很可能确与泰坦鸟相遇——曾有研究人员发现了一个很像泰坦鸟头骨的石雕小工艺品。尽管泰坦鸟完成过伟大的逆袭，但终究没能将恐鹤科的古老血脉延续得更久，它们最终还是消失在美国南部的荒野之中。

科普影片中，进入北美洲的泰坦鸟正在与恐狼对峙，可见其高大的体型。

泰坦鸟现存的最近亲戚——南美草原上的红腿叫鹤，只有60厘米高，但依稀可见泰坦鸟的凶相。它们曾被认为与旧大陆的鹤类相近，但近年的DNA研究认为叫鹤目是个独立类群。

哥伦比亚猛犸

北美洲西海岸平原上，成群的哥伦比亚猛犸悠然漫步，享用着取之不尽的繁茂植物。这些比现代非洲象更魁梧的泰坦巨兽，仿佛帝王一般不可侵犯，不时昂头嘶叫，高亢的鸣声响彻天际。哥伦比亚猛犸象不知道，这块平原几十年后就要被海水淹没，它们的后代也将陷入孤岛与同类隔绝，变成只有一头牛大的小矮象。

档案：哥伦比亚猛犸

拉丁学名：*Mammuthus columbi*，含义是"哥伦布的猛犸象"

科学分类：长鼻目，真象科

身高体重：肩高4米，体重10吨

体型特征：体型高大，毛发较短，长牙强烈弯曲成螺旋状

生存时期：更新世（距今100万年前~1.1万年前）

发现地：北美洲、中美洲

生活环境：草原、稀树草原、林地

强壮的巨人

1838 年，美国佐治亚州发现了一批猛犸象化石。研究者们发现，它们和当时已知的真猛犸化石很像，但大小、形态仍然有一些明显不同。1857 年，英国学者休·福克纳（Hugh Falconer）将其定名为"哥伦比亚猛犸"，以纪念发现美洲大陆的哥伦布。19 世纪中后期，北美洲的中西部、南部地区也出土了大量哥伦比亚猛犸化石。

哥伦比亚猛犸身躯高大，雄象肩高可达 4~4.3 米，体重 10 吨以上，几乎可媲美亚欧大陆的草原猛犸。雄象的长牙也明显大于雌性，强烈弯曲成螺旋形，长度接近 5 米。

由于发现了残留毛发，哥伦比亚猛犸的身上也有毛，但应该比较稀疏——在美国南部的得克萨斯、佛罗里达、加利福尼亚等州，甚至中美洲的墨西哥、尼加拉瓜等国境内，都有哥伦比亚猛犸的化石发现，这说明它们能适应温暖地区的气候。

旧大陆来客

猛犸象和亚洲象、非洲象同属长鼻目中的晚期分支——真象科，进入美洲是很晚的事。距今约 100 多万年前的一次冰期，海平面下降将白令海峡变为平原，亚洲的一批草原猛犸沿着这条陆桥向东"移民"，并演化成了新的物种。

由于在北美各地发现的大型猛犸化石很多，以往的研究者们把它们分为哥伦比亚猛犸、帝王猛犸

在美国加州著名的拉布雷亚沥青坑，曾有至少上百头哥伦比亚猛犸葬身其中。不过在数十万年的时间里，这只是极小概率的事情。

（*M. imperator*）、杰斐逊猛犸（*M. jeffersonii*）等几种，其中尤以帝王猛犸最为著名。但近年研究表明，它们三个其实是同一种，于是命名最早的哥伦比亚猛犸就成为唯一的有效名称。

在晚更新世的美洲大陆，汇集了 6 种大象：哥伦比亚猛犸以北美中西部大平原为根据地，真猛犸在西北部的寒冷干草原漫步，美洲短颌象（即美洲乳齿象）在东部和南部的林地里徜徉；中美到南美的山地草场生活着居维叶象，亚马孙林地里则有剑乳齿象（*Stegomostodon*）。此外，在加利福尼亚州的海峡群岛上，还隔绝出了哥伦比亚猛犸的一个小兄弟——肩高仅 1.5~1.9 米的小猛犸（*M. exilis*）。当时整个美洲的大象数量甚至可能比非洲、亚洲还多，而哥伦比亚猛犸是其中数量最多、分布最广的一种。

给力的胃口

冰期时的北美洲，包括今天加拿大、美国东北部在内的广大地区都被冰川覆盖，而从美国中西部直到得克萨斯州、墨西哥的大平原，却比今天更加湿润，树木可能比今天的非洲稀树草原还要茂密。因此，与草原猛犸和真猛犸不同，哥伦比亚猛犸的主食不光是草，灌木、阔叶树甚至针叶树都是它们的菜，有点类似今天的非洲象。根据粪便化石判断，哥伦比亚猛犸的食谱包括茅草和苔草，此外还有云杉嫩枝、橡树叶、山艾灌丛、香蒲等，甚至连多刺的梨形仙人掌也不放过。它们可能经常用长牙来折断树枝、树干，因此就连雌象的长牙，也经常会断裂或严重磨损。

与"典型的猛犸象"真猛犸相比，哥伦比亚猛犸体型较大，身上的毛发很可能稀少得多。

生活的印记

哥伦比亚猛犸是冰河时代美洲最大的动物，它们生活在食物丰富的环境里，成年后几乎不惧怕任何捕食者。即便如此，哥伦比亚猛犸的生活也未必一帆风顺。

在美国得克萨斯州的一个岩洞里，300多具哥伦比亚猛犸幼崽的骨骸与30多具锯齿虎化石混在一起，这些小象因为调皮贪玩而遭到了锯齿虎的毒手。得克萨斯州的另一处化石点，则有19头雌性猛犸和幼年个体的化石一同出土，整个象群很可能是被洪水瞬间掩埋。

当然，化石告诉我们的不只有悲伤的故事，在一些山洞里，研究者发现了大量风干的象粪，说明它们会在寒夜中躲进山洞；另一些山洞洞壁上的长牙刮蹭痕迹，则可能是象群把这里当成了补充食盐等矿物质的"咖啡馆"。

从遭到"团灭"的象群化石中，研究人员发现哥伦比亚猛犸的象群结构和现代亚洲象类似，都是由成年雌象、幼象组成家族。雄象最晚在10~12岁时被象群赶走，在之后数十年的余生中大都独来独往，只有35岁以上的壮年雄象才有较大机会赢得交配权。

失去的乐园

距今1.2万年前，北美大陆上厚厚的冰川开始融化，气候、环境也开始随之改变。大片低地平原被海水淹没，北美洲南部越来越热，西北长出了茂密森林，而内陆则越来越干旱，稀树草原变成了树木更少的干草原甚至荒漠。面对如此巨变，哥伦比亚猛犸难以适应。

与此同时，通过白令陆桥进入美洲的人类，也开始对哥伦比亚猛犸展开猎杀。一些科学家还怀疑，除了直接猎杀，人类可能还从亚洲带来了新的病菌、病毒，从而对衰退中的哥伦比亚猛犸造成了毁灭性打击。在此之后，北美大平原的代表性景观从壮观的象群变成了漫山遍野的美洲野牛群，直到又一个1万年过去后，野牛们也险些被来自大西洋彼岸的另一批人类入侵者屠杀殆尽……

雄性哥伦比亚猛犸的长牙向后弯曲，可能有求偶炫耀的作用，而不仅仅是真刀真枪的打斗工具。

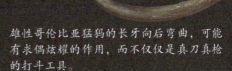

哥伦比亚猛犸消失后，更加开阔的北美大草原上，主要景观变成了野牛群。

树枝带刺、果味不美的桑橙，在今天的北美洲并无哪种食草动物问津。有研究者认为，当年的哥伦比亚猛犸可能是桑橙、美洲皂荚等果实的食客。

富饶的更新世北美平原，养活了数量众多、食量巨大的哥伦比亚猛犸，它们对当地生态环境也发挥着重大影响。

短颌象

又到了交配的季节，雄性美洲短颌象纷纷来到开阔的河滩上摆开架势，为争夺交配权而大秀肌肉。在年轻气盛的青年雄象之间，炫耀战很快变成了长牙对刺的死斗，不一会儿已经有好几头象黯然落败，带着伤口落荒而逃。正当几位胜出者准备再战时，一头近3米高的壮年雄象出现在场地上，它喷着鼻息发出了响亮的宣告声。压倒性的气场，顿时令毛头小子们退缩了……

档案：短颌象（美洲乳齿象）

拉丁学名：*Mammut*，含义是"短的颌"

科学分类：长鼻目，短颌象科

身高体重：体长4.5米，肩高2.3~3米，体重4~5吨

体型特征：身材矮胖，身披毛发

生存时期：晚中新世至更新世（距今700万年前~1万年前）

发现地：北美洲、中美洲

生活环境：森林

矮胖的身材

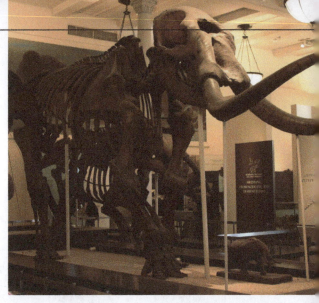

在古生物学中，废弃的动物学名偶尔也会被公众继续沿用，变为俗称，比如蜥脚类恐龙"雷龙"（学名：迷惑龙）。古兽中的典型，就要算是乳齿象（Mastodon）了。此名乃18世纪末古生物学祖师乔治·居维叶根据牙齿化石所定，意为"乳头状的牙齿"。其实在居维叶命名这种动物之前，美国的学者已经将这种动物命名为"短颌象"，于是"乳齿象"就成了无效学名。不过直到今天，欧美国家的科普读物仍然经常用"乳齿象"一名。

通常所说的"短颌象"是指北美洲的美洲短颌象（Mammut americanum，旧称美洲乳齿象），也就是当年居维叶研究的这种。相比那些动辄上10吨的史前巨象，美洲短颌象并不算庞然大物，它们比今天的亚洲象还矮壮些，其肩高2.3~2.8米，很少超过3米。不过由于身长体胖，成年雄象也有4~5吨重，跟亚洲象差不多。

从外表看，美洲短颌象跟今天的大象差别不大。除了体表毛发较多（由于灭绝较晚，一些毛发保存下来），长牙更弯曲，它们也有着柱子一样粗壮的四肢、灵活的长鼻子，头部和肩膀比较低平。但从象类演化的角度看，完全不是这么回事。

古老的家世

目前认为，大多数象类的共同祖先是距今3500万年的古乳齿象（Palaeomastodon）。它们的后代，一支成为象类的演化主干，进化成后来的嵌齿象类、铲齿象类、剑齿象类及非洲象、亚洲象、猛犸象等真象类；此外还有一些独立分支，其中一支最后就演化成了短颌象，在分类上自成

直到今天，短颌象依然是美国自然博物馆中的大明星。

一个短颌象科，与今天的大象亲缘关系很远，只是趋同演化使它们外貌相似。

短颌象起源于欧洲，在距今约700万年前通过陆桥进入北美洲。长期以来欧洲只有少量短颌象的残破化石，远不如其在北美洲的化石丰富。直到1996年，终于有考察队在希腊发现了一些保存较好的化石，这就是包氏短颌象（M. baosoni）。复原后的包氏短颌象肩高达3.5米，比美洲短颌象高大许多，但最引人注目的是其长牙——最初发现的一对完整象牙就有4.3米长，2007年发现的一对象牙长达5米，堪称史上最大的象牙！

短颌象的白齿咀嚼面是一连串隆起的齿脊，有些类似亚洲的剑齿象，以咀嚼较软的树叶为主。

真猛犸（左）与美洲短颌象（右）的体型对比，可以看出短颌象身材相对矮胖，头部和肩部低平。

暴力的求偶

圆滚滚毛茸茸的外表，让美洲短颌象显得憨厚温顺。然而近年来，科学家在一些成年雄象的头骨和脊椎骨化石上发现了可怕的伤痕。要想穿透美洲短颌象半米多厚的毛皮、肌肉和脂肪并造成脊椎碎裂，只有另一头雄象的长牙才能做到；而在其头骨上发现的大部分伤痕都位于眼睛后方、脸颊以下的位置，这也是面对面搏斗时长牙戳刺的主要部位。

此外，在成年雄性短颌象的齿槽上沿，还有特大韧带组织附着的痕迹。如果仅仅是为了把长牙固定在齿槽中，并不需要如此发达的韧带，但在猛烈扬头、刺击对方的时候，韧带就能起到减震作用。所有这些证据都表明，这些胖子们在求偶期往往会爆发激烈打斗。考虑到美洲短颌象的骨骼比现代非洲象更粗壮，可以想象它们争斗时会有多么凶狠，丢掉性命也不是没可能的。

与短颌象稍小的身躯、森林生活的需求不相称的象牙长度，或许就来自它们一代又一代的求偶争斗。

变幻的家园

作为比较古老的象类，美洲短颌象的牙齿不太耐磨，其结构适合咀嚼较软的树叶、嫩枝，但也能吃硬一些的松针和草类。正是因为不挑食，美洲短颌象在气候干冷、森林减少的更新世冰期依然过得有滋有味。粪便和胃容物化石表明，美国东南部的美洲短颌象经常在各处林地之间迁徙，在它们经过草原的途中也能暂时以草为食。

在中更新世，猛犸象从亚洲远道而来，占据了北美洲广阔的草原、苔原地带。幸运的是，由于北美洲还有较大面积的林地，此时已成"土著"的美洲短颌象并未受到太大冲击，它们与猛犸象基本是井水不犯河水。

今天的美洲大陆上，与短颌象占据类似生态位的是驼鹿，它们每年都要啃食掉大量的林木、灌木。

陌生的威胁

除了同类相争，自然界没有任何掠食者能威胁成年美洲短颌象。但到距今 1 万多年前，当人类进入美洲之后，它们再也不能高枕无忧了。在美国华盛顿州，出土了一块距今 1.4 万年前的美洲短颌象肋骨化石，上面嵌着一段矛尖，而矛尖材料居然是另一头短颌象的骨头！当捕猎技术更加熟练、能够用锋利的燧石片制成长矛、投枪的克洛维斯人出现后，美洲短颌象真的是无路可逃了。

有观点认为，由于史前人类主要猎杀离群独居、体大肉多的壮年雄象，这给青年雄象们创造了更多交配机会，可是年轻的"毛头小子"在荷尔蒙的强烈驱使下极富暴力倾向，这大大增加了求偶时的伤亡，影响了象群的正常繁殖。此外，人类还从亚洲带来了新的病菌、病毒，有研究者分析了美国匹兹堡卡内基自然博物馆的 48 具短颌象化石，其中 21 具上面都有结核病菌感染留下的痕迹，说明当时可能有结核病疫情重创了象群。

在短颌象身边十分矮小的人类，却可能是造成它们灭绝的罪魁祸首。

居维叶象

　　短促的夏天，安第斯山区的谷地里草木茂盛，湖沼充盈，居维叶象也从低海拔的平原来到了这里。中午时分，一头母象带着春天刚出生的宝宝来到池塘边，可小象怎么也不肯下水。连推带搡之下，小象终于走进了浅滩，没多久就开心地用鼻子喷起了水。母象也安心地泡起了澡，洗去长途跋涉以来的满身尘土，感到十分舒畅……

档案：居维叶象

拉丁学名：*Cuvieronius*，含义是"来自居维叶"

科学分类：长鼻目，嵌齿象科

身高体重：肩高 2.7 米，体重 4.6 吨

体型特征：身材矮胖，长牙拧成螺旋形

生存时期：晚中新世至全新世（距今 1000 万年前~6000 年前）

发现地：北美洲、南美洲

生活环境：山地、草原

"争名"两百年 结缘三大师

与北美的短颌象（乳齿象）、欧洲的猛犸象一样，居维叶象也是最早被科学家研究的古象之一。早在19世纪初，普鲁士著名地理学家洪堡（Alexander Von Humboldt）在中南美考察时发现了一些古象牙齿化石，并寄给了古生物学大师居维叶。居维叶很快在1806年发表论文，称这些化石很像自己曾命名的乳齿象（即短颌象）。直到1824年，居维叶才正式将其命名为安第斯乳齿象和洪堡乳齿象两个种。

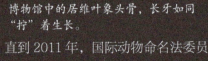

第一个发现居维叶象化石的欧洲人，普鲁士学者亚历山大·冯·洪堡，现代地理学的奠基人。

居维叶不知道，美国学者菲舍（Fisher）看到他早先的论文后就已经于1814年率先将这两种象命名为一个新属：似乳齿象（Mastotherium），其按照生物命名法则是有效的。由于居维叶的巨大声望，直到20世纪他的命名仍被广泛使用。

1923年，美国自然历史博物馆的传奇馆长亨利·奥斯本（Henry Osborn）又重新分析了化石，认定这种古象是不同于乳齿象的一个新属，然后将其命名为居维叶象（Cuvieronius），但保留了菲舍所起的种名。在此之后又是几十年争论，博物馆中的居维叶象头骨，长牙如同"拧"着生长。

直到2011年，国际动物命名法委员会（ICZN）终于确定"居维叶象"为有效学名。一种古象的定名足足花了200多年，涉及洪堡、居维叶、奥斯本三位泰斗级人物，可谓一段另类传奇了。

螺旋状长牙

居维叶象的体型和现代亚洲象差不多，热带居维叶象（C. tropicus）的雄性个体肩高可达2.7米，体重约4.6吨。外表上看，它们也和现代大象区别不大，只是一双长牙是"拧"着扭曲生长，有点像两根大麻花，也有点接近海象的长牙。至于为什么会有这种形状的象牙，目前科学界还没有定论。

由于灭绝时间不长，在智利的一些山洞中，人们还发现了少量风干的居维叶象的皮肤、肌肉组织残骸，表明它们身上没有什么毛发，这与猛犸、美洲短颌象不同。

不惧高海拔

在冰河时代的南美洲，生活着居维叶象、剑

居维叶象的白齿上有多个"乳突"状的齿尖，与短颌象（美洲乳齿象）的白齿颇为相似，故而曾被许多研究者混淆。

早期的嵌齿象类下颌很长，与晚期的居维叶象迥然不同。

殊途同归短下巴

在相近的外表下，居维叶象和现代大象的关系其实相当远，它们属于古老的嵌齿象科。嵌齿象是象类当中分布最广、延续最久、属种最多的一类，从距今2000多万年前的早中新世就出现在地球上，足迹遍及除澳洲、南极洲外的各个大陆。

剑乳齿象是冰河时代南美的另一种象，它们体型比居维叶象大，主要分布在温暖的开阔林地、森林草原环境中，也同样是树叶和草都吃。

早期的嵌齿象，外表跟现代大象差别很大：鼻子较短，下颌和下门齿却又长又尖，像门闩一样"嵌"在上颌的两根长牙之间，故而得名。然而到了嵌齿象类演化晚期，美洲的居维叶象、剑乳齿象（*Stegomastodon*）等却缩短了下巴，接近现代大象的外表。无独有偶，地球另一端的中国也发现了短颌的嵌齿象类，这就是延续到中更新世的中华乳齿象（*Sinomastodon*）。

实际上，从晚中新世到上新世的数百万年间，短颌象类、剑齿象类和真象类等象族的另几个分支，也都呈现了下颌缩短的趋势。这种"平行演化"趋势可能是因为这一时期全球气候开始转为干冷，森林减少，而长鼻子比起"长下巴"更适宜食物选择的转变。与此同时，居维叶象等晚期嵌齿象类的臼齿也发展出了更多的齿尖，更适合研磨粗糙的植物。

乳齿象两种大象。它们是最后的嵌齿象，也是有史以来南美大陆仅有的象类。与刃齿虎、南美马和今天的美洲狮、南美貘一样，它们原本也是北美洲的居民，但南下进程要晚一些，直到中更新世才踏足南美洲。

更新世时，南美洲的亚马孙雨林远没有今天这么广阔、茂密，大部分是开阔林地甚至稀树草原，体型较大的剑乳齿象主要分布在这些地方。而居维叶象选择了更艰难的栖息地——高海拔的安第斯山地以及荒凉的巴塔哥尼亚高原。对其牙齿化学成分的分析显示，在这些气候干燥、植被匮乏的地方，居维叶象能够取食多种植物，无论树叶还是草都来者不拒。

安第斯高原虽然相对低温、贫瘠，但并非不毛之地，部分地区在冰河时代能保障居维叶象的生存。

消失在边缘地带

对于长期在温暖、潮湿森林中演化的嵌齿象家族来说，能涌现出居维叶象这样的后辈着实不易。不过，安第斯的高山草甸虽然比平原上温度要低，但还远不及冰河时代北方那样严寒。对于大象这样的大型动物，或许无需厚实的毛发也能生存。今天非洲的一些高海拔山区，也有非洲象分布。

不过在距今约1.2万年前的更新世末期，南美洲的环境发生巨变，居维叶象的生活也受到冲击。正当此时，人类来到了南美洲。生活环境贫瘠的居维叶象数量本就不多，繁殖速度又十分缓慢。人类的猎杀，也就成了压垮它们种群的最后一棵稻草。

令人惊讶的是，对一些居维叶象化石的碳14测定表明，它们在智利某些地区残存到了距今约9000年前，在哥伦比亚的考卡山谷甚至在距今6000年前还有它们的身影！这种人类难以进入的极端环境，让居维叶象比大多数美洲巨兽多撑了几千年。然而这些边缘地带毕竟无法长期支撑庞大的象群，最终它们还是难逃灭绝厄运。

南美马

档案：南美马

拉丁学名：*Hippidion*，含义是"小马"

科学分类：奇蹄目，马科

身高体重：体长 1.8~2 米，肩高 1.4 米，体重 200~250 千克

体型特征：个头似驴，头大，四肢较短

生存时期：更新世至全新世（距今 250 万年前~8000 年前）

发现地：南美洲

生活环境：草原、高原

初夏的巴塔哥尼亚高原，平日里四散漫游的南美马汇集成大群，准备新一年的繁殖季。成年雄马一匹匹亢奋不已，各自圈出一块领地，不时喷着鼻息，跺脚踢起尘土发泄过剩精力，搜寻着周围有没有竞争对手。别看它们个头不大，脾气却十分暴烈，如果真的厮打起来往往会是连踢带咬，两败俱伤。

南美小矮马

19世纪中期，有人在南美草原上发现了一些马类化石，并送到了英国古生物学家理查德·欧文手上。经过复原，欧文发现它们与现代马比较相似，但个体较小，于是将其命名为"*Hippidion*"，意思是矮种马，国内一般译为南美马。

南美马通常被视为马科中的一个独立属，体型还没有驴大，肩高不足1.4米，体重200多千克。南美马的身形和矮种马比较相似，身体矮壮结实，短小的四肢配上大脑袋，看起来不大协调。除此之外，南美马的鼻腔比较大，加上鼻骨后缩，暗示它们很可能有一个大鼻子。与现代马一样，南美马也有着长长的齿列、坚硬耐磨的牙齿，适合啃食富含硅质的硬草。

昔日骏马之地

在人们印象中，大平原上策马奔腾的印第安武士，美国西部和南美草原上纵马驰骋的牛仔代表了美洲的狂野。实际上，他们骑乘的马是16世纪开始由欧洲带过去的，而且从某种意义上讲，这类动物是在阔别美洲1万年后，重新回到了故土。

与牛、羊、猪、骆驼甚至犀牛相比，马科动物的起源要早得多，至少在距今5000多万年就出现

人工培育的矮马品种——设得兰矮马。

在地球上了。马科的起源地以及此后的演化中心，正是今天已没有了野生马类的北美洲。随着数千万年来的气候和环境变迁，马类也从一开始只有牧羊犬大小、栖息在温暖森林底层的小兽，一步步朝着愈加开阔的草原挺进，变得更高大、更善跑。马类的每一次重要演化，都是在北美洲率先完成的，然后才通过陆桥扩散到亚欧大陆和非洲。

距今约1200万年前，北美洲出现了一种新的马类：上新马（*Pliohippus*）。它们的体型、身体结构已经和现代马属——真马（*Equus*）十分接近，尤其是每只脚上除了中趾，另外两个脚趾的趾骨已退化成小尖，几乎完全看不见。由于骨骼、牙齿的一些特征比距今400万年前才出现的真马更特化，因此上新马并不是真马的祖先。研究者们曾长期认为，在距今300多万年前巴拿马陆桥"开通"后，正是上新马中的一支后裔进入南美洲，演化成了3种南美马及其他一些马类，它们也是南美洲历史上仅有的野生马类。

不过，根据研究者们近年对南美马化石中的DNA所做的分析，南美马还是跟真马的关系更近些，它们可能是从北美洲进入南美洲的一支真马演化而来，甚至有研究者把它们放进了真马属。

适应险恶生态

与现代马相比，南美马显得身大腿短，此外还有一个肥大的鼻子，这有些像今天中亚草原上的冰河时代遗

南美马身躯矮壮，脑袋较大，有些像人工培育的矮种马。

南美马头骨化石。与现代马中的真马一样，南美马也有着长长的脸和坚硬的牙齿。

今天只生活在中亚的濒危动物高鼻羚羊，有着矮壮的身体和膨大的鼻子，适应干冷环境。它们在冰河时代曾和猛犸象、披毛犀一起广布北方大草原。

老——高鼻羚羊。这种体型不适合快速驰骋，却有较强的耐力，适合远距离迁徙。膨大隆起的鼻子不仅能增强嗅觉，而且很可能像高鼻羚羊一样内含特殊的粘膜结构，可以在吸入冷空气时对其进行加热，这样空气进入肺时就不会过冷，减少了对身体的伤害。

发现南美马化石的地点主要集中在南美洲南部的阿根廷、智利两国，这一带在冰河时代的气候比今天更加寒冷干燥，高原地区的生存条件尤为恶劣，但南美马适应了这种艰苦环境。

强悍搅局者

生存能力强悍的南美马，也对南美洲本土食草动物形成了极大竞争。在早更新世的剧烈环境变化中，南美马将一些古老的南美有蹄类动物推上了绝路。其中的典型便是一类名为原马型兽（Protero theriidae）的滑距骨目食草动物，它们是后弓兽的小个子近亲，曾经与马类趋同演化，成为只用一个脚趾奔跑的动物，但身体只有瞪羚大小。然而在北美洲的动物大举入侵后，原马型兽就颓势尽显，迅速销声匿迹了。

与南美马一同

进入南美洲的食肉动物也同样威胁着南美马，其中包括刃齿虎、恐狼及幸存至今的美洲豹和美洲狮。与今天的斑马、野驴一样，南美马主要依靠高度的警觉性、速度和耐力来摆脱这些猛兽。

无马的大陆

距今约 10000 年前~8000 年前的全新世早期，南美马的命运就像当年它入侵时的南美洲动物一样，在新的入侵者——人类到来后不久，划上了句号。南美马的灭绝也使得南美洲又一次成为一块"无马"的大陆。

在没有马、牛等大型驮兽的条件下，南美洲印第安人创造出了独特而灿烂的文明，其巅峰就是号称"新大陆罗马人"的印加文明。公元 16 世纪，西班牙殖民者来到了这片大陆，数万印加大军被装备了战马、火枪和钢铁武器的 100 余名西班牙士兵打得四散溃逃，就连印加王也被俘虏，帝国灰飞烟灭。人们不由感慨：如果南美马幸存下来并被当地人驯化，是否可以改变历史，挽救印加文明呢？

实际上，我们无法从化石中准确知道南美马的生活习性，而今天的几种野生马类，只有欧洲野马、非洲野驴被分别驯化成了家马和家驴，而其他各种斑马、野驴由于习性脾气等原因，最终驯化失败。或许高原上的南美马也一样桀骜不驯呢？今天在南美草原上奔跑的，只剩下它们的近亲，被人类驾驭的家马了。

今天的南美洲巴塔哥尼亚以气候严酷著称，而在冰河时代，这里曾经覆盖大片冰川，剩下的地方也更加干冷。

今天仍骑马游荡在潘帕斯草原上的"高乔人"牛仔。人类文明的发展，把南美马的欧洲表亲又送到了这片大陆。

初冬的北美中部，几场大雪将大平原妆点成银色，一头满身褐色长毛的雄性长角野牛漫步在这片银色世界中。长角野牛抬起硕大的头颅，两米宽的巨角如同两把巨剑，显得尤为壮观。它咀嚼着反刍回嘴里的草叶，不时有水汽从鼻子、嘴巴中跑出来，在空气中形成白色的烟雾。即便在这个严冬它也要尽可能补充营养，等到温暖再度降临的时节，它将用自己的长角打遍这一带所有的公野牛！

档案：长角野牛

拉丁学名：*Bison latifrons*，含义是"宽额的野牛"

科学分类：偶蹄目，牛科，野牛属

身高体重：体长4米，高2.5米，体重2吨

体型特征：体型类似今天的北美野牛，身体强壮，四肢有力，双角巨大

生存时期：更新世（距今20万年前~2万年前）

发现地：北美洲

生活环境：草原、林地

长角野牛的发现

19 世纪初，美国著名的博物学家理查德·哈兰（Richard Harlan）在北美洲中部探险的时候发现了一些巨大的牛角化石。哈兰将这些化石带回位于费城的博物馆进行研究，他对比了当时在北美洲还很常见的北美野牛（*Bison bison*），确定两者并非同一物种。1825 年，哈兰根据化石命名了长角野牛（*Bison latifrons*），种名来自其头上巨大无比的长角。

长角野牛与北美野牛一样，属于冰河时代新兴的牛科、牛亚科动物，也同为野牛属的成员。它们曾经广泛分布在北美洲中南部，比较喜欢生活在温暖的地方。长角野牛出现于距今约 20 万年前的晚更新世，在距今约 2 万年前的更新世末期灭绝。

与今天野牛的头骨相比，长角野牛的脑袋更大，角也更长。

巨角战士

长角野牛应当是成群活动的，一般一个群体由 10 多头野牛组成，其中包括 1 头成年雄性野牛和多头雌性野牛。长角野牛的世界实行一夫多妻制，雄性总是守护着群体中的雌性。有时一些独自游荡的雄性长角野牛会挑战群体首领，此时就要用脑袋上的大角一较高下了。长角野牛的头骨结实，颈部肌肉强壮，它们会用额头对撞，直到其中一方认输逃跑。有时长角野牛也会组成庞大的群体进行迁徙，数以千计的野牛在平原上奔跑，弯曲的大角形成角的海洋，那是多么壮观的场景啊！

长角野牛的头骨，其巨大的牛角是其标志性特征。

来自亚欧大陆

在北美洲兴旺发达的长角野牛，其实并非新大陆的原住民，它们来自更加广阔的亚欧大陆。距今 24 万年前~22 万年前，古野牛（*Bison priscus*）经过白令陆桥来到北美洲，与它们一起"移民"的还有猛犸象等大型哺乳动物。距今 20 万年前，一支古野牛演化成巨大的长角野牛，它

原野巨牛

长角野牛身高体壮，与当时欧亚大陆的草原野牛、原牛和非洲的古非洲水牛同为已知最大的牛科动物。成年的长角野牛体长超过 4 米，肩高 2.5 米，体重可达 2 吨。一头长角野牛比今天的北美野牛要大 25%~50%，是不折不扣的牛中巨人。

长角野牛脑袋很大，脸又长又宽，嘴巴上面长有大鼻子。它们最突出的特征则是头上那对巨角，宽度超过 2 米。由于脑袋后面便是隆起的背脊，长角野牛的脖子看上去很短，显得体型笨重。别看样子笨，其实它们的身躯、四肢特别健壮，奔跑速度可能跟今天的北美野牛差不多，达每小时 50 千米。与北美野牛一样，长角野牛身上也长有厚厚的毛发，这让它们看上去更加高大。

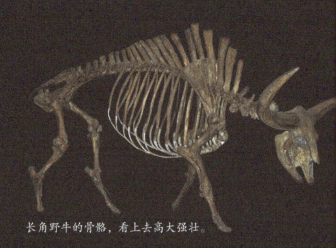

长角野牛的骨骼，看上去高大强壮。

史前欧洲壁画中的古野牛，它是长角野牛和北美野牛的祖先。

博物馆中的刃齿虎化石，它旁边就躺着一头长角野牛。

们迅速占领了北美洲中西部的草原。从发现的化石看，长角野牛更喜欢温暖的南方地区，特别是美国的加利福尼亚州。

就在长角野牛出现 10 万年之后，北美野牛也出现在北美大平原上。北美野牛也是由古野牛演化来的，与长角野牛堪称一对"亲兄弟"。尽管在体型上小于长角野牛，但北美野牛有更好的适应性。当长角野牛在南方繁荣之时，北美野牛在寒冷的北方渐渐崛起，两者曾经在几万年的时间内和平共存。

与刃齿虎的搏斗

数量众多的长角野牛很容易成为大型掠食者的捕食对象，其中包括短面熊、美洲拟狮和刃齿虎等。在所有的捕食者中，刃齿虎的生存范围不但与长角野牛重叠，而且数量非常多，两种巨兽间惊心动魄的搏斗随时上演。刃齿虎的身体强壮，肌肉发达，嘴中长有一对匕首般的致命长牙。经验丰富的刃齿虎完全有能力杀死一只长角野牛，不过它们也会为此付出代价。古生物学家曾经在刃齿虎的下颌骨、肩胛骨及四肢骨骼上发现了骨折痊愈的痕迹，其中很多伤痕都是长角野牛踢的。面对掠食者，长角野牛往往会战斗到底，让对方知道自己的厉害。

长角野牛的灭绝

距今 8.5 万年前，北美洲迎来了更新世最后一个冰期，气候变得越来越寒冷，北方的冰川也在不断向南蔓延，自然环境发生了巨大变化。曾经的草原要么被冰雪覆盖，要么变成了茂密的森林，这对以草为食的动物来说是个坏消息。在困境之下，长角野牛的数量不断减少，最终在距今 2 万年前灭绝。

不仅是长角野牛，研究显示在缺乏栖息地和食物的情况下，北美野牛的数量也在不断减少，不过它们最终撑过了最艰难的时期。这样看来，长角野牛的灭绝是一个自然选择的过程，并没有受到人类因素的太多干扰。当距今 1.5 万年前冰期结束时，长角野牛早已化成骨骼散布四处，而它的小兄弟北美野牛则成功晋级，成为北美大陆上最"牛"的大型食草动物。

今天北美大平原上的北美野牛，它们占据了长角野牛的生态位。

巨足驼

档案：巨足驼

拉丁学名：*Titanotylopus*，含义是"巨大的分开的脚"

科学分类：偶蹄目，骆驼科，骆驼族

身高体重：体长 4.3 米，高 4 米，体重 1.5 吨

体型特征：体态类似今天的单峰驼，但个头大得多，头颈和四肢修长，身躯强壮

生存时期：更新世（距今 180 万年前~3 万年前）

发现地：北美洲

生活环境：稀树草原、林地

炎热干燥的风吹过黄色的沙丘，灼人的阳光烘烤着美国南部的荒漠地带。一只巨足驼迈着大步在沙漠中前进，宽大的脚趾避免了脚部陷入沙土之中。尽管外形与今天的单峰驼相似，但是巨足驼却一点也不喜欢干燥的沙漠，它在寻找北方的草原和森林。巨足驼伸直结实的长脖子，一双大眼睛望向远方，它似乎看到了一片绿色，于是不由地加快了脚步。

巨足驼的化石，可以看到其修长的四肢和健壮的身体。

巨足驼的外形与今天的单峰驼很像，只不过它们看上去更大更粗壮。

博物馆中的巨足驼化石，身边是它的天敌——刃齿虎。

巨足驼的发现

巨足驼又名巨驼、泰坦驼，其化石最早发现于美国西部的内布拉斯加州。1934年，古生物学家巴博（Barbour）和舒尔茨（Schultz）根据发现的化石建立了巨足驼属（*Titanotylopus*），模式种名为内布拉斯加巨足驼（*T. nebraskensis*）。

巨足驼属于偶蹄类中的骆驼科，骆驼族，生存范围曾经涵盖了北美洲中西部的广阔地区，包括今天美国的亚利桑那、科罗拉多、内布拉斯加、堪萨斯及得克萨斯等多个州。巨足驼出现于距今1030万年前的中新世，在距今30万年前的更新世末期灭绝，有材料显示最后一批巨足驼一直生存到距今3万年前才最终消失。从生存时间上看，巨足驼是相当成功的动物，它们在北美洲生存了超过1000万年之久。

放大版的单峰驼

双峰驼是现存体型最大的骆驼，一般体长3米，身高2米，体重超过700千克。在人类面前，双峰驼相当高大，但在巨足驼面前它们就变成了小个子：巨足驼体长4.3米，身高3.5~4米，体重超过1.5吨。

巨足驼的脑袋较小，外形较长，其头骨上没有泪腺窝。与原始的骆驼不同，巨足驼的嘴巴前部长有一对巨大的上犬齿，用于咀嚼食物的臼齿长在后面。与今天的骆驼相比，巨足驼的脖子稍短，无法将脑袋抬得很高。巨足驼的背椎骨上有明显突起的神经棘，这显示它们背上有一个用于储存脂肪的驼峰。为了能够快速奔跑，巨足驼长有修长健壮的四肢，每个脚上有两趾，脚趾下面有又厚又软的肉垫子。

森林中的大家伙

骆驼有"沙漠之舟"的美誉，单峰驼、双峰驼是今天少数能在沙漠地区生存的大型动物。与这两位能吃苦的亲戚相比，巨足驼对生存环境的要求就比较高了，它们巨大的体型需要更多的食物和水源。巨足驼喜欢比较开阔的林地环境，身材高大的它们会像今天的长颈鹿一样抬头食用树上的枝叶。化石显示巨足驼牙齿的齿冠并不耐磨，这也说明它们会选择那些鲜嫩的枝叶。森林环境不仅提供了更多的食物，也潜藏着更多的危险。在面对威胁时，爆发力惊人的巨足驼不但会

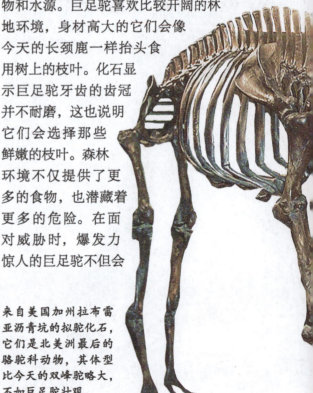

来自美国加州拉布雷亚沥青坑的拟驼化石，它们是北美洲最后的骆驼科动物，其体型比今天的双峰驼略大，不如巨足驼壮观。

快速逃跑，在无路可逃时还会用有力的大脚猛踹来犯者，其力量之大足以重创对手。

走出故乡的骆驼

今天的驼类动物分居亚欧大陆、北非和南美，有些让人疑惑不解。其实，史前驼类的起源演化中心，就是在北美洲。距今5000万年前~4000万年前的始新世，这里出现了最原始的骆驼。最早的骆驼脚上长有4趾，个头还没有羊大。渐新世至中新世，随着草原面积的扩大，北美洲出现了古驼（Aepycamelus），古驼在形态上已经与今天的骆驼相似了。古驼在北美洲继续演化，出现了种类繁多、大小各异的骆驼，其中就包括巨足驼。

距今300万年前~100万年前，北美洲的骆驼分为南北两条路线向其他大陆迁徙扩散：向北的一支经过白令陆桥进入亚洲，最远到达欧洲和非洲，其中留在亚洲中部蒙古高原的进化成为耐寒的双峰驼，而在西亚的进化成了耐热的单峰驼；向南的一支经过巴拿马陆桥进入南美洲，最终进化成了原驼和骆马。当其他大洲的骆驼迅速崛起之时，北美洲的骆驼却快速衰落。距今1万年前，当最后的拟驼（Camelops）消失后，北美洲就再也没有骆驼了。

巨驼都爱北美洲

在北美的驼类消失之前，这里一直是它们的乐园，曾先后生活过近100种骆驼，其中不乏巨足驼这样的大块头。除了巨足驼，史前北美洲的巨型骆驼还有象驼（Gigantocamelus）、高驼（Alticamelus）、巨驼（Megacamelus）等，这其中包括了已知最大的三种骆驼。巨驼排名第一，其身高超过5米，体重3.7吨；象驼排名第二，身高5米，体重2.5吨；大驼排名第三，身高4.2米，体重1.7吨；巨足驼排名第四，只比垫底的高驼大一点。

巨足驼的灭绝

巨足驼是北美洲最后消失的巨型骆驼，它们的灭绝与环境改变存在着直接关系。当地球进入冰河时期后，寒冷的气候导致原来繁茂的树林变成稀疏的草原，巨足驼的食物越来越少，其种群数量也直线下降。

到了更新世末期，一些地区的少数巨足驼依然坚强生存着，但是它们遇到了人类。很快巨足驼和拟驼成为人类最常捕猎的动物，研究人员已在北美洲的18个史前人类遗址中发现了巨足驼的骨骼，其中一些甚至被制成了工具。就这样，在环境和人类的双重打击下，巨足驼最终消失了，巨型骆驼的时代也随之结束。

北美洲巨型骆驼所处的生态位与今天的长颈鹿相似，凭借高大的身材它们可以轻易够到树顶的食物。

今天南美洲的"神兽"小羊驼及其野生祖先骆马，属于骆驼科中的驼羊族，跟骆驼族的巨足驼并没有很近的亲缘关系。

平头貒

乌云压在北美洲的平原上，一阵凉风吹过，看样子要下雨了。在黄草丛间，两只成年的平头貒正带着一只平头貒匆忙赶路，它们要在下雨前进入森林躲雨。平头貒身体壮硕，四肢较长，它们身上长着坚韧鬃毛，与今天的西貒很像。充满好奇心的小平头貒在草丛中东寻寻西嗅嗅，想要发现点什么。一旁的妈妈可不想等待顽皮的小家伙，它用鼻子拱了拱幼崽，然后快步向前走去。

档案：平头貒

拉丁学名：*Platygonus*，含义是"平直的脑袋"

科学分类：偶蹄目，西貒科

身高体重：体长1.5米，高1米，体重140千克

体型特征：体型类似野猪，脑袋大，身体强壮，四肢有力，背上有鬃毛

生存时期：上新世至更新世（距今500万年前~1.1万年前）

发现地：北美洲

生活环境：稀树草原、林地、森林

平头貒的发现

19世纪早期，人们就在北美洲发现了一些大型猪类动物的化石。1848年，古生物学家勒孔特（Leconte）根据头骨化石顶部表现出来的平直特征建立了平头貒属（*Platygonus*），模式种名为扁平头貒（*P. compressus*）。除模式种外，平头貒属下还有6个种，这些种的命名完全建立在丰富的化石发现之上。

平头貒又译"平头猪"，但它们并不是猪，而属于猪形亚目之下的西貒科（Tayassuidae），与今天中南美洲的3种西貒是近亲。平头貒的生存范围很广，从北面的加拿大南部一直到墨西哥，几乎横跨了未被冰川覆盖的整个北美洲。在美国，平头貒的生存区域集中在加利福尼亚州至宾夕法尼亚州之间的区域。平头貒出现于距今500万年前的上新世，在距今1.1万年前灭绝。它们是史前北美洲最为常见的食草动物，在生态系统中占据着类似野猪的生态位。

似猪非猪

平头貒是有史以来最大的一种西貒，外形与今天亚欧大陆的野猪类似，但平均体型稍大于野猪，体长超过1.5米，肩高1米，体重约140千克。平头貒的脑袋较大，前窄后宽，嘴巴前面长有圆圆的猪鼻子。正如其名，平头貒的头顶平直，呈较大的坡度，头顶之下长有一对小眼睛，不过这

平头貒的化石，可以看到它的身体强壮而结实。

并不代表它们的视力不佳。平头貒口中长有3种类型的牙齿：在嘴巴前端是2对上门齿和3对下门齿，往后是上下各一对犬齿，面颊部分则有上下6对臼齿。像野猪一样，平头貒也长有壮硕的身体和有力的四肢，但前肢长有两趾，后肢长有3趾，这点与四肢都为两趾的猪不同。

不怕猛兽的大獠牙

身体强壮的平头貒可不是好惹的家伙，在它们憨厚的外表之下藏着一颗暴躁的心。与野猪向两侧外翻的上犬齿不同，平头貒的上大齿像食肉动物一样是向下生长的，这对犬齿不但能用来刨出地下的植物根茎，还可以作为防御武器撕咬对手。

在更新世的北美洲，只有像美洲拟狮、刃齿虎、异刃虎这样的大型猛兽会偶尔捕食平头貒，而恐狼、美洲豹、美洲狮等可能都不敢招惹这群

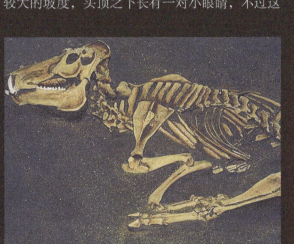

平头貒的化石，它们显示更新世北美洲曾有一群大型"野猪"存在。

新大陆的另类猪

平头貒所属的西貒科，无论外形还是习性都与亚欧大陆、非洲的猪科非常相似，也都属于猪形亚目，有着共同的祖先。但西貒科与猪科的亲缘关系可不近，两者很早就分开独自进化了。西貒科与猪科的最大不同，就是向下生长的上犬齿和长有3趾的后肢。与杂食性的猪科动物相比，西貒科的食性更偏向"纯素"，它们的胃更加复杂，可以消化酸性的食物和粗植物纤维。有些资料显示，

今天生活在中南美的颈锁貒，它是西貒科的代表物种。

气势汹汹的家伙。不光是对食肉动物，就算是对其他食草动物，平头貒也不是个友善的邻居，所以它们总是以家族单独活动。

冲向南半球

西貒科曾经只生活在北美洲，而今天这个家族却主要分布于南美洲，这完全得益于距今300万年前开始的南北美洲生物大迁徙事件。随着链接南北美洲的巴拿马地峡的形成，西貒科进入南半球。对于西貒科来说，环境优越、食物丰富、缺少竞争者的南美洲是非常理想的栖息地，它们的家族在这里不断壮大。西貒科顺着安第斯山脉一路南下，最南到达阿根廷北部地区。凭借着优越的身体结构和顽强的生命力，西貒科很快就占据了当地高级食草动物的生态位，无论是在茂密的热带雨林还是在起伏的山区，都能见到它们的身影。

平头貒的灭绝

平头貒曾在北美洲盛极一时，但到了距今1.1万年前的更新世末期，它们却与曾经生活在北美洲的其他大型动物一同消失了。关于平头貒灭绝的原因众说纷纭，有的观点认为是人类的捕杀，有的观点认为是气候的改变，还有观点认为是病毒的侵袭。

尽管平头貒灭绝了，但是其他西貒科动物今天还生活在美洲大陆上，其中就包括与其亲缘关系最近的草原貒。草原貒生活在半干旱的丛林地区，它们能够在多刺植物间行走，并以粗糙的植物为食。对于草原貒的观察和研究，或许可以帮助我们了解似猪非猪的平头貒是怎样生活的。

西貒科主要分布于南美洲的丛林中。

平头貒的头骨，可以看到其类似猛兽的巨大上犬齿，这可是非常具有杀伤力的。

西貒科的一些动物甚至会吃仙人掌。

目前西貒科下共有3个属种，分别是：颈锁貒（*Pecari*）、草原貒（*Catagonus*）和白唇貒（*Tayassu*）。颈锁貒是最常见的一种西貒，体型较小，分布于美国西南部至南美洲的广大地区。白唇貒体型较大，分布于墨西哥南部至阿根廷北部一带，常常结成很大的群体，无人敢惹。草原貒体型最大，仅分布于南美洲的查科草原。

现存的草原貒与平头貒有着很近的亲缘关系，可以视为平头貒的后裔。

大地懒

　　草原上的晨雾一点点散去，小树林里有一棵粗壮的"树"摇晃起来。它的身影渐渐清晰，原来是一头身体直立、满身长毛的巨兽——5 米高的美洲大地懒。它正用硕大的爪子抓下枝叶，只听不远处传来沉重的脚步声，又一头大地懒向它接近，是个陌生的外来户。尽管大地懒性情温和，但食量巨大的它们，不愿意和同类离得太近争抢资源。伴随着低沉的怒吼声，一场比拼气势的较量就要开始了。

档案：大地懒

拉丁学名：*Megatherium*，含义是"巨大的野兽"

科学分类：披毛目，大地懒科

身高体重：体长6米，体重4吨

体型特征：体大如象，爪子巨大，能用后足和尾巴撑地直立身体；身披乱蓬蓬的长毛

生存时期：更新世（距今200万年前~1万年前）

发现地：南美洲、中美洲

生活环境：稀树草原、林地

奇幻之兽

如果不是发现了化石，大地懒简直就像是奇幻小说里的生物：它跟熊一样拥有披着长毛的圆滚滚身体，块头却跟亚洲象一般大，当它站起来时几乎跟长颈鹿一般高；大地懒的舌头比食蚁兽还长，臂膀比大猩猩更有力，巨爪犹如砍刀，硬皮好似铠甲，身后还拖着条又长又粗的尾巴。

之所以被称为"大地懒"，是因为它们与今天美洲热带雨林里的"树懒"属于同一家族，但同目不同科，分类上归为披毛目，大地懒科。各种地懒与树懒的共同祖先早在距今 4000 万年前就已经出现了，这个家族一直族群兴旺，其中大地懒体型最大，体长 6 米，体重 4 吨。

结缘一代宗师

为大地懒定名的，就是鼎鼎大名的古生物学奠基人乔治·居维叶。1896 年，一批来自南美草原的巨型化石，辗转运到了巴黎。当时年仅 27 岁、刚进入法国国家科学院的居维叶接手了研究这些化石的任务。

古生物学泰斗居维叶，他命名史前动物的"处女作"就是大地懒。

对付这些闻所未闻的骨头，居维叶自有一套办法：将化石显示

博物馆中的大地懒化石装架，它们真的是巨大而健壮的动物。

自 19 世纪以来，大地懒就是欧美最著名的史前古兽之一，当时的人们就知道它具有站立能力。

的解剖学特征跟现存动物的骨骼进行对比，从而推断史前动物的分类、习性，这就是后来成为古生物学基础的比较解剖学。经过分析，居维叶判断这种动物和树懒颇为相似，并将其命名为"美洲大地懒"（*Megatherium americanum*）。就这样，大地懒成为居维叶命名的第一种史前动物。今天看来，居维叶当年对大地懒的复原，仍然基本靠谱。

由于当时地质学、生态学研究才刚刚起步，关于大地懒的由来和消失，居维叶只好求助于《圣经》，他认为"大洪水"时大地懒并没被带上诺亚方舟，所以才灭绝了。在此后两百年中，越来越多的大地懒化石被发现，科学家们逐渐弄清了它们的演化轨迹。

大地懒吃什么？

大地懒生活在草原与森林交错的环境中，主要取食树木、灌木的枝叶，类似今天长颈鹿和黑犀牛在非洲草原所扮演的角色。比起马、牛、羊等"典型"的食草动物，大地懒的牙齿不太耐磨，却可以像老鼠的牙齿一样不断生长，其头骨上还附有强劲的咀嚼肌。大地懒的食谱很宽，无论柔嫩还是粗糙的植物都是它们的菜。这种不挑食的食性，很可能就是地懒家族曾经长盛不衰、分布广泛的秘诀。

令人吃惊的是，体重媲美大象的大地懒居然可以"站"着进餐！它们腰部、后肢的骨骼和肌肉粗壮有力，因此能用后足和尾巴形成"三脚架"，将巨大的身躯像攻城塔一样挺立起来；站立时的大树懒会用两米多长的前臂、40 厘米长的前爪和

大地懒和今天的食蚁兽一样是"脚内翻"的——由于前后脚上都有大爪子，大地懒的脚掌无法放平，只能以脚侧着地行走。

灵活的长舌头将高处的树枝树叶撕扯下来送进口中。根据脚印化石判断，大地懒甚至能够直立行走。

块头太大，没法"犯懒"

作为树懒的近亲，大地懒是否也和它们一样"懒"呢？其实，树懒整天挂在树上睡觉，是一种有效的生存策略——降低新陈代谢，减少食物需求，并依靠隐蔽、伪装来躲避天敌。但这一套，在大地懒身上是行不通的。

为了维持几吨重的躯体，大地懒每天至少要吃上百千克的植物，为了寻找食物，它们常常需要走很长的距离。另外，大树懒的个头这么大，根本无法躲藏。因此，大地懒虽然身体笨重、步履蹒跚，但不会像树懒那样行动慢得出奇。

身披铠甲，防御超强

看似一座"肉山"的大地懒，拥有哺乳动物

由于地懒类的灭绝时间不长，在南美洲的一些干燥山洞里，还发现过它们的毛皮。

中超一流的防御力，全身拥有三重防护：第一层是粗糙的长毛、厚实的皮肤；第二层是一层"铠甲"——内层皮肤角质化，形成许多骨质小片，成年后就会形成坚硬的防护层；此外它们还能较为灵敏地挥舞巨爪，任何凶禽猛兽挨上一下都是非死即伤。

实际上，今天慢悠悠的树懒，偶尔也会吃些昆虫、蜥蜴和腐肉开开荤。因此有观点认为，大地懒也不是纯粹吃素的，它们甚至会捕猎周围其他的大型兽类！即便抓不住活的，它们也可以捡拾尸体，或者干脆从其他猛兽口中硬抢。

常青树为何灭绝？

南北美洲相连后，大地懒可谓是"南美土著"的骄傲，在北美洲动物的大举入侵下它们依然兴旺发达，甚至还成功逆袭到中美洲。除了大地懒，当时还有许多地懒类都发展得不错，其中从巴西、委内瑞拉一路挺进美国南部的泛美地懒（*Eremotherium*），几乎和大地懒一样巨大。

然而在距今1万年左右，大地懒和其他各种地懒都迅速灭绝了，具体原因至今都不很清楚。有观点认为，更新世末期气候、植被的变化让大地懒失去了栖息地，逐渐走向衰亡；也有不少学者认为，当时人类进入美洲后过度猎杀大型动物，还从亚洲带来了新的细菌、病毒，将大地懒推上了绝路。不论真相如何，曾经像攻城塔一样耸立的大地懒，无疑是冰河时代美洲最神奇的巨兽之一。

今天壮丽的潘帕斯草原曾经是大地懒的家，只是这里再也见不到这种巨大的动物了。

巨爪地懒

档案：巨爪地懒

拉丁学名：*Megalonyx*，含义是"巨大的爪子"

科学分类：披毛目，巨爪地懒科，巨爪地懒属

身高体重：体长 2.5~3 米，体重 360 千克以上

体型特征：如同大熊，能用后足、尾巴直立起身躯，前足长有醒目的巨爪

生存时期：上新世至更新世（距今 490 万年前~1 万年前）

发现地：北美洲、中美洲

生活环境：稀树草原、林地、森林

北美育空地区的春天，树木、青草长出了新叶，渐浓的绿意将山脚下的岩缝遮掩起来。黄昏时分，两头壮硕如熊的巨爪地懒，拖着沉重的脚步从几公里外的灌木林回到山谷，准备回到昏暗无光的岩洞中——数千年来，它们及其先辈一直以此为家，乃至习惯在睡觉的地方"方便"，积累下了好几米高的粪堆。但在气温接近零度的寒夜，只有这里可以给它们温暖。

冰川时代的明星

在美国动画电影《冰河世纪》中，除了猛犸象曼尼、刃齿虎迪亚戈，另一位主角就是笨手笨脚、滑稽可爱的地懒希德。由于故事发生在天寒地冻的地区，希德的原型很可能是巨爪地懒——唯一能在北极圈内生活的地懒类。

巨爪地懒早在距今400多万年前就出现了，并平安度过了整个冰河时代，外表变化不大。巨爪地懒体长2.5~3米，直立起来有2米多高，体重有360~1000千克，其体型大致跟今天的北美灰熊或北极熊相当。

冰川时代的美国阿拉斯加、加拿大育空地区，并没有今天这么茂密的森林，而是大片干燥寒冷的草原。除了北美洲北部，仅美国本土就有至少150个地点发现过巨爪地懒的化石，包括多种生态环境。

动画电影《冰河世纪》主角之一——巨爪地懒希德。

巨爪地懒骨骼装架，它们真实的样子可能比电影中的希德庞大、甚至显得吓人，但应该还是性情温顺迟钝的动物。

总统的"爱国爪"

巨爪地懒的代表种是杰氏巨爪地懒（*M. jeffersonii*），它的名字来自一位历史名人——美国开国元勋、第三任总统托马斯·杰斐逊（Thomas Jefferson）。杰斐逊不仅是最著名的美国总统，也是位对大自然充满好奇的博物学家。

杰斐逊是美国历史上著名的"学者型"总统，但他当初看到巨爪地懒的化石时，并不清楚这是什么动物。

1796年，杰斐逊首次参加总统竞选，却惜败于对手当了副总统。第二年，有人在西弗吉尼亚州的山洞里发现了一些化石，寄到了杰斐逊的办公桌上。他很快注意到了其中几个超过15厘米的巨爪，遂将其命名为"*Megalonyx*"（意为"巨大的爪子"），还以此发表了美国第一篇古生物学论文。然而这篇论文却认为，这动物是一种史前狮子！

实际上，杰斐逊急着发表也是出于爱国——18世纪末，以法国生物学巨匠布封（Buffon）为代表的一批欧洲精英，普遍认为美洲新大陆是"劣等土地"，就连动物都比欧洲的小。生于斯长于斯的杰斐逊当然不服，不光请人猎了一头巨型驼鹿，制成标本运到巴黎给布封看，还希望拿化石证明美洲的史前动物"更给力"。当时古生物学刚刚起步，没多少经验可借鉴，业余学者杰斐逊出错也是难免了。后来另一位美国学者参考了居维叶的研究，终于确认这种"巨爪狮子"实为一种地懒。

眷恋山洞之家

大多数地懒类由于脚爪太大，导致严重"脚内翻"，只能以脚侧接触地面，走路步履蹒跚，就连几吨重的大地懒也是如此。但巨爪地懒却不同，

巨爪地懒的近亲、生活在冰期科罗拉多大峡谷的沙斯塔地懒（*Nothrotheriops shastensis*），一代代居住在山洞里，累积了好几米厚的粪堆。

它们后足的整个脚掌和三个脚爪都能同时着地。这就可以更好地支撑体重、增强行走能力，使它们能走较远的路寻找食物。

与大地懒一样，巨爪地懒也能用强壮的后足支撑身体，并以直立姿态取食高处的树木枝叶。它们的前爪不光是重要的取食工具，还能用来自卫。

地懒存活至今的近亲树懒有个特点就是身体新陈代谢太慢，不能像别的哺乳动物那样维持体温，周围冷一点热一点它都会很难受。对热带雨林里的树懒来说温度不是大问题，但要在昼夜温差、四季温差明显的温带甚至寒带生活，"不要温度"可能就没命了。即便有厚厚的毛皮护身，地懒还是备受困扰。包括巨爪地懒在内的许多种地懒总是在山洞里留下化石和大量粪便，这说明它们比较依赖温暖的洞穴。

地懒与树懒

现存的6种树懒分为二趾树懒、三趾树懒两类，其中三趾树懒早在距今3000多万年前就走上了独立演化道路，是家族中的"非主流"。今天动物园里能见到的是二趾树懒，它们和体重是其上百倍的巨爪地懒同属一个巨爪地懒科。研究表明，今天的二趾树懒的祖先原本是生活在地面的小型地懒，后来才上了树。

在巴拿马地峡隆起之前，巨爪地懒已在南美洲生活了数百万年。而在新的环境面前，它们却

今天中南美雨林里的二趾树懒，是巨爪地懒的近亲，而且其祖先也曾经是在地面生活的。

未显"老态"，而是和近亲们一起向北方大举挺进。由于更新世的气候变幻莫测，海平面也升升降降，一些地懒就这样被隔离在了加勒比群岛上。不同岛屿的生态资源有所差异，这也造就了体型迥然不同的多种地懒，其中大者与黑熊相似，小的比猫大不了多少。

灭绝为何？

适应力如此之强的巨爪地懒，在距今1万年前冰河时代结束时还是从地球上消失了。除了气候变化造成的栖息地丧失，人类猎杀也被视为它们灭绝的一个重要原因。

在美国俄亥俄州的几块巨爪地懒化石上，研究者发现了人类石器留下的刮痕；内华达州的一个山洞里，发掘出了与巨爪地懒在一起的矛尖；加勒比群岛上的那些地懒，灭绝时间则跨越了数千年。史前地懒的灭绝很难用气候原因解释，尤其是岛屿地懒的灭绝时间往往与人类到达的时间接近，暗示不言自明。今天，地懒家族只剩下倒挂在树上的树懒亲戚，它们淡定地面对这个人类统治的世界。

美国博物馆里的巨爪地懒复原像。它们的巨爪厚皮能对付凶禽猛兽，却抵挡不了人类猎人从远处投射的标枪。

雕齿兽

南美热带丛林中，两个巨型"鼓包"慢悠悠地来到河滩边，原来是一对雕齿兽。"鼓包"就是覆盖它们身体的半球形甲壳，另外它的头顶、尾巴也都有甲片覆盖，看起来简直刀枪不入。这两只雕齿兽谨慎地一步步在湿滑的河滩上挪动，想到河边饮水。对身披重甲的它们来说，一不小心滑进深水里，可就性命难保了。

档案：雕齿兽

拉丁学名：*Glyptodon*，含义是"被刻划的牙齿"

科学分类：有甲目，雕齿兽科

身高体重：体长 2.5~3.3 米，体重 1~2 吨

体型特征：身躯包裹在半球形甲壳里，头尾也有甲片覆盖

生存时期：更新世（距今 120 万年前~1 万年前）

发现地：南美洲、中美洲到美国南部

生活环境：草原、湿地

兽中"巨龟"

今天生活在中南美洲的犰狳，与食蚁兽、树懒被统称为"贫齿类"动物。但犰狳的牙齿数量一点也不"贫"，有些种类的犰狳口中牙齿多达100颗。论亲缘关系，犰狳与食蚁兽、树懒也不算太近，自成一个"有甲目"。现存的犰狳有20多种，最大的巨犰狳体重可达45千克。不过，比起它们冰河时代的近亲——雕齿兽，巨犰狳就是小巫见大巫了。

雕齿兽是著名古生物学家理查德·欧文于1839年命名的。雕齿兽的模样十分古怪，简直就像一只有长尾巴的大乌龟，或是恐龙中的甲龙类。雕齿兽的身躯由一块2米长的拱形甲壳覆盖着，加上头尾超过3米长，体重估计可达2吨，其中光甲壳的重量就占了1/5。

雕齿兽的甲壳很像龟壳，不过龟壳是由肋骨形成，而雕齿兽的甲壳与骨骼无关，是在坚硬的角质化皮肤上镶嵌了一层六角形的骨质小片。雕齿兽甲壳上的骨片足有1000多块，每块厚度约2.5厘米。雕齿兽愈合的脊椎骨、粗短的四肢和宽阔的肩带，则都是为支撑重铠厚甲服务的。

"硬汉"吃软草

现存的犰狳是杂食动物，主要以昆虫、腐尸、野果、杂草等为食。而身躯庞大的雕齿兽与它们不同科，属于雕齿兽科。各种雕齿兽基本都是素食者，它们头骨圆钝，上下颌两侧各有7~8枚臼齿，适合磨碎植物。根据鼻骨形状，有观点认为雕齿兽还有条像貘一样的长鼻子。

雕齿兽的牙齿和地懒一样可以终生生长，其

雕齿兽的甲壳与骨骼无关，而是能保存为化石的骨质皮肤小片，其中许多历经上万年依旧紧紧连在一起。

犰狳是雕齿兽现存最近的亲戚，在中南美洲依然数量很多。不过它们很久之前就已"分家"，走上了不同的演化方向。

头骨附着有发达的咀嚼肌。它们的化石大多发现于河湖、沼泽附近，显示其主要以水边的柔软植物为食。雕齿兽的四肢粗短强壮，前肢的五个脚趾长着爪子，后肢则类似蹄形。这样的脚当然不适合快速奔跑，雕齿兽只能平稳缓慢地移动，这倒适合泥泞的湿地环境。

这种习性还解释了一个有趣现象：已发现的许多雕齿兽化石都是腹面朝上、背面朝下，像被掀翻了一样。或许难保有个把雕齿兽不小心摔个四脚朝天，然后翻不回来活活笨死，但也不可能有这么多吧。如果一头雕齿兽不小心滑落水中，其背上沉重的甲壳就会像秤砣一样把它"拽"到水底，形成背下腹上的姿态，这才是为什么很多雕齿兽化石是这副囧态。

并非高枕无忧

与龟壳不同，雕齿兽身体下方的胸腹部并没有甲板保护。当然，没有哪种猛兽有力气把2吨重的成年雕齿兽翻过来。在碰到猛兽时，雕齿兽会蜷曲四肢，并用前爪牢牢抓住地面，这样会让甲壳紧紧贴地，保护无甲的胸腹部。尽管雕齿兽不能像乌龟一样把头尾缩回壳内，但其头顶覆盖着甲片，尾部也有一圈圈的甲环保护，真的是做到了全面防御。

然而1981年，美国佛罗里达州出土了一具雕齿兽的近亲——德克萨斯雕兽（*Glyptotherium texanum*）的头盖骨化石，上面居然被咬穿留下了两个牙孔！最大的"嫌疑犯"很可能是美洲豹。不过，这只倒霉的雕兽其实是甲片未发育好的未成年个体，而且它当时很可能陷入淤泥中无法行动，才惨遭不幸。

"流星锤"表哥

　　如果说雕齿兽的甲壳只是被动防御，那么在整个雕齿兽家族中，能够"攻守兼备"的或许就属槌尾雕兽（Doedicurus，又译星尾兽了）。槌尾雕兽是雕齿兽科中个头最大的，其体重可达2.3吨以上，体长4米，其甲壳在肩部像驼峰一样高高隆起，可能有储存脂肪的作用。槌尾雕兽的尾巴有1米多长，末端膨大，上面还有许多圆形凹痕。科学家们曾经认为，凹痕可能是尖锐角质刺留下的痕迹，在它们活着时，尾巴可能就像流星锤一样，碰到捕食者时就挥动尾巴反击。

今天保存在博物馆中的雕齿兽化石，人类的发掘让这种动物重见天日。

　　然而经过深入研究，研究人员发现槌尾雕兽的尾巴其实很不灵活，如果真的挥动太猛，甚至可能会断掉。这样看来，槌尾雕兽的尾槌并非自卫武器，主要还是求偶季节雄兽之间争斗的工具。在一些槌尾雕兽的甲壳化石上，的确也发现了尾槌击打留下的痕迹。

与龟壳不同，雕齿兽身下没有腹甲保护，不过猛兽也很难攻击这一点。

槌尾雕兽的尾巴如同一根狼牙棒，虽然威猛拉风，但并不灵活，主要用于求偶争斗。

从兴盛到灭绝

　　雕齿兽类最早出现在距今2000万年前的南美洲，到更新世已经演化成了庞然大物。或许是由于北美洲的食肉动物也难以威胁它们，雕齿兽并没有因南北美洲连接而衰落，反而和地懒一起进入了北美大陆。但雕齿兽比较依赖温暖潮湿的环境，所以没能进入更靠北的地区。

　　距今1.2万年前~1万年前，所有种类的雕齿兽都灭绝了，嫌疑犯当然少不了人类。依靠智慧，史前猎人可以用长矛、投枪攻击雕齿兽头颈部的甲片缝隙，或者把它赶到行动不便的淤泥里，设法将其掀翻。考古发现显示，直到雕齿兽灭绝几千年后，还有印第安人用它们的甲壳做盾牌、盖房子！或许史前猎人猎捕它们，也不只是为了吃肉吧。

　　雕齿兽最大的敌人还是环境，最近一次冰期结束时的气候变化，使雕齿兽赖以为生的热带、亚热带草原都变成了雨林或沙漠。栖息地大幅缩减的雕齿兽在人类猎杀下变得稀少，最终灭绝。

后弓兽

棕榈树旁，一只怪模怪样的后弓兽正在啃食嫩叶，嘴巴上面的小长鼻子不时地扭动几下。后弓兽突然停止了进食，一对高于脑袋的耳朵朝向前方，它似乎听到了一阵细微的声音。后弓兽抬起头，长长的脖子让它可以看到很远的地方。后弓兽不确定是否有一只刃齿虎藏在前面不远的草丛中，它不敢大意，因为一点点的粗心就会付出生命的代价。

档案：后弓兽

拉丁学名：*Macrauchenia*，含义是"巨大的美洲驼"

科学分类：滑距骨目，后弓兽科

身高体重：体长3米，肩高2米，体重1吨

体型特征：体型类似单峰驼但无驼峰，有一个长鼻子，四肢修长，脚上长有3趾

生存时期：中新世至更新世（距今700万年前~1万年前）

发现地：南美洲

生活环境：森林草原、林地

后弓兽的发现

1834 年 2 月 9 日，年轻的查尔斯·达尔文（Charles Darwin）乘坐英国皇家海军的"小猎犬"号考察船（HMS Beagle）来到阿根廷的圣朱利安港进行水文测量。在这里，达尔文发现了一些脊椎骨和腿骨化石，他认为这些化石属于乳齿象。1837 年，"小猎犬"号带着化石返回英国，著名学者理查德·欧文重新研究了化石，认为它们属于大型的羊驼或骆驼，并建立了后弓兽属（Macrauchenia），模式种为长鼻驼（M. patachonica）。后来才有研究者发现，它们与骆驼没什么关系。

年轻时的达尔文，正是在他搭乘"小猎犬"号的游历考察中发现了后弓兽的化石。

实际上，后弓兽属于史前南美洲的一类独特"土著"有蹄类——滑距骨目（Litopterna）中的后弓兽科。后弓兽的化石在南美洲的阿根廷、智利、玻利维亚及委内瑞拉等国境内都有发现。作为一类非常有特色的食草动物，后弓兽出现于距今 700 万年前的晚中新世，至距今 1 万年前灭绝。

南方的四不像

后弓兽外形奇特，身上汇集了许多动物的特征。它们的块头跟骆驼差不多，体长 3 米，肩高

后弓兽的复原模型，其长鼻子是非常明显的特征，只是身上的毛发还有待考证。

生活在中新世早期的双滑距兽（Diadiaphorus），这种羊一般大小的动物是较为原始的滑距骨目动物。

2 米，体重超过 1 吨；身体各部分的比例也有些像骆驼，都有长长的脖子、强壮的身体、修长有力的四肢，只是其每只脚上有 3 个脚趾。后弓兽的脑袋较长，口中长有 44 枚牙齿（原始哺乳动物的标配），嘴唇上方还有一个类似大象的长鼻子。早期有研究者猜测它们会潜入水中躲避危险，不过现在看来这个长鼻子应该是取食用的。研究表明，后弓兽奔跑时可以达到比较快的速度，而且其胫骨和踝关节能承受很大压力，就算是在狂奔中急停和瞬间转向也完全没有问题。

滑距骨目

后弓兽所在的滑距骨目，是一类曾经生活在南美洲的有蹄类动物，最初可能是由古近纪生活在南美洲的踝节类（Condylarthra）或其他原始哺乳类演化而来，都是草食性动物。

在新生代的数千万年里，南美洲长期与其他大洲隔绝，独立演化出了许多独特的有蹄类哺乳动物，合称"南方有蹄类"，滑距骨目就是其中之一。滑距骨目在古近纪中后期不断繁盛，多样性不断增加，成为当时南美洲最常见的哺乳动物之一，与北美洲的马科、骆驼科趋同演化，形成了类似的模样，占据着相似的生态位。

在巨噱的阴影下

在史前南美洲这块孤独的土地上，虽然气候比较温和，生存竞争不那么激烈，但这块大陆也有自己独特的食肉动物。其中一些足以威胁高大的后弓兽，包括古恐鸟（Andalgalornis）、袋剑齿虎（Thylacosmilus）和南美袋犬（Borhyaena）。

BBC科教片《与古兽同行》中复原的后弓兽生活场景，可以看到图右有一只虎视眈眈的古恐鸟。

刃齿虎的复原模型，这种凶猛的嘴中长有长牙的动物曾经威胁着后弓兽的生存。

古恐鸟是一种身高近1.5米、体重40千克的大型地栖食肉鸟，以大而锋利的角质喙为武器。古恐鸟不会飞，但奔跑速度可达65千米每小时，可以轻易追上猎物，然后它们会像使用短柄斧那样用喙嘴从上向下猛刺，经过几次攻击将猎物打倒。与善于奔跑的古恐鸟相比，袋剑齿虎和南美袋犬则更多采用伏击战术。

面对这些威胁，后弓兽自有一套有效的预警系统，它长长的脖子可以将脑袋抬到3米的高度，这时开阔平原上的一切就尽收眼底。如果有什么风吹草动，后弓兽会马上逃之夭夭，不给对手机会。

甩掉北方的狂潮

距今300万年前，连通南北美洲的巴拿马地峡形成，一大批来自北美洲的优势食肉动物和食草动物入侵南美洲，对当地的

生态链造成了极大的冲击。经过数十万年的冲击，南美洲原有的大型食肉和食草动物消失殆尽，滑距骨目中只有后弓兽奇迹般地生存下来。

曾经威胁后弓兽生存的古恐鸟等食肉动物在冲击中消失了，取而代之的是更加强悍的食肉动物，刃齿虎就是其中的佼佼者。进入南美洲的刃齿虎比北美洲的同类更大更凶猛，它们会以后弓兽为食。面对身体强壮、爪牙尖利的刃齿虎等北方猛兽，后弓兽出色的急转能力救了它们，在追逐中后弓兽总能以突然转向甩掉捕食者，这或许就是其生存下来的秘诀。

后弓兽的灭绝

作为一种古老的食草动物，后弓兽的"牙口"还是比较宽的。它们平时会抬起脑袋，用长鼻子卷起树上的枝叶送到嘴中；当干旱季节食物匮乏时，又能低头啃食坚硬的草料。凭借这种优越的环境适应能力，后弓兽才能与身体结构更先进的骆驼、马等动物共存了200多万年。尽管种群数量在减少，但它们并没有在竞争中落败。

即便后弓兽给"南美土著"长了脸，但在距今1万年前，后弓兽还是灭绝了，这让人们感到非常困惑。到目前为止，古生物学家还没有找到后弓兽灭绝的真正原因，或许在不久的将来，这个谜题会被解开。

今天发现的后弓兽化石，解开其灭绝谜团的关键或许就在这些化石中。

箭齿兽

夕阳将最后的光辉洒在南美洲的平原上，映得两只箭齿兽身上满是红色。在草长莺飞的平原上，箭齿兽强壮的身材显得非常显眼，它们就像是平原上的小山包一样。只见箭齿兽低下巨大的脑袋，露出铲子一样的门牙。随着大嘴的一张一闭，大片的青草被切断，送进了箭齿兽圆滚滚的肚子里。趁着傍晚凉爽的时间，它们将完成一天的进食工作。

档案：箭齿兽

拉丁学名：*Toxodon*，含义是"弯曲的牙齿"

科学分类：南方有蹄目，箭齿兽亚目，箭齿兽科

身高体重：体长 2.75 米，高 1.5 米，体重 1.5 吨

体型特征：体型类似无角犀牛，脑袋宽大，身体强壮，四肢粗短，脚上长有 3 趾

生存时期：更新世（距今 260 万年前~1.17 万年前）

发现地：南美洲

生活环境：林地、森林草原

箭齿兽的发现

1833 年 11 月，英国皇家海军的"小猎犬"号抵达今天的乌拉圭海岸，随船的达尔文上岸开始了自然调查。在对当地农场的调查中，达尔文见到了像河马一样的巨大头骨化石，他当即以 18 便士将化石买下。后来这些化石被送到了理查德·欧文那里，欧文在不久之后的皇家地质学会上对化石进行了描述。经过研究，欧文根据牙齿的特征，于 1837 年建立了箭齿兽属（ *Toxodon* ）。

箭齿兽属于南美洲一类独特的食草动物——南方有蹄类，它属于其中的南方有蹄目，箭齿兽科，曾生存于今天的阿根廷、巴西等地。箭齿兽出现于距今 260 万年前的更新世初期，于距今 1.65 万年前灭绝，它与后弓兽同为南方有蹄类中灭绝最晚、名气最大的种类。

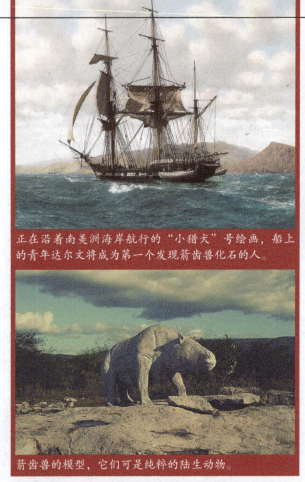

正在沿着南美洲海岸航行的"小猎犬"号绘画，船上的青年达尔文将成为第一个发现箭齿兽化石的人。

壮如犀牛

箭齿兽的外形就像一只没长角的犀牛，体长约 2.75 米，肩高 1.5 米，体重可达 1.5 吨。箭齿兽有着宽大的脑袋，一只大鼻子长在眼睛前方的头顶位置，由于其眼窝不大，所以视力并不是很好。箭齿兽的嘴巴很大，口中长有弯曲的大门牙，可以毫不费力地切断植物的枝叶。箭齿兽的脑袋后面是圆鼓鼓的身体，肩背部的脊椎骨向上延伸出"神经棘"，形成了类似驼峰一样的隆起，成为它们身体最高的地方。雕齿兽的四肢很短，但肌肉

箭齿兽的模型，它们可是纯粹的陆生动物。

发达，脚上长有三趾，用于支持沉重的身体。从身体结构看，箭齿兽是非常典型的食草动物，它们以粗壮的身体和好胃口取得了成功，成为史前南美洲最常见的大型食草动物。

远离河流

由于箭齿兽的头骨有些像河马，在达尔文和欧文的研究文献中都将其描述成一种生活在水中的动物，会借助水的浮力减轻沉重身体对四肢的压力。时至今日，依然有很多资料称箭齿兽是箭齿兽科中的"异端"，喜欢生活在沼泽和河流中，整天张大嘴巴吞食蒲苇等水生植物。

近期的研究显示，箭齿兽的生活习性与河马相去甚远，它们是非常典型的陆生动物。从化石产出的地层上看，箭齿兽生活在半干旱的平原地带；从身体结构上看，箭齿兽强壮的四肢使其拥有了快速奔跑的能力；

箭齿兽的骨骼，注意其巨大的头骨和粗壮的身体四肢。

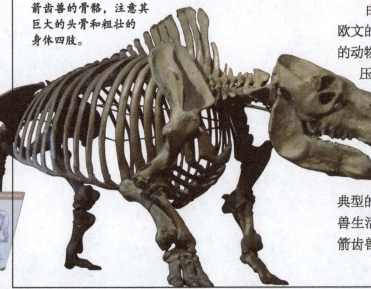

厚南兽（*Pachyrukhos*），这种生存于渐新世、体长只有30厘米的动物是非常原始的南方有蹄目成员。

从牙齿结构上看，箭齿兽喜欢吃较为坚硬的植物。目前看来，没有证据显示箭齿兽具有水栖的生活习性，它们那种河马的形象已经完全被颠覆了。

南方大陆的血蹄

　　箭齿兽属于南方有蹄目（Notoungulata），顾名思义，南方有蹄目就是南方大陆独特的有蹄类动物。南方有蹄目下又分为4个亚目：古南方有蹄亚目、型兽亚目、黑格兽亚目和箭齿兽亚目。大概在距今5500万年前的早古新世，南方有蹄目就从古老的踝节目中分化出来，当时它们都还是些体型较小、牙齿结构原始的小动物。经过长期演化，南方有蹄目分化出不同的类型，它们占据了多种多样的生态位。南方有蹄目都是食草动物，牙齿大都有连续的齿列，门齿扩大呈铲形。就在南方有蹄目蒸蒸日上之时，南北美洲爆发了生物大迁移事件，来自北美洲的优势哺乳动物沉重打击了南方有蹄目，使其种类和数量急剧减少，最后只剩下箭齿兽等少数种类。

箭齿兽的灭绝

　　作为南方有蹄目的最后成员，箭齿兽已经拥有了适应上新世和更新世干冷环境的身体结构，庞大粗壮的体型更能保护自己免遭食肉动物的侵袭。尽管来自北美洲的各路猛兽有能力捕杀箭齿兽，但是它们依然是南美洲最常见的大型动物。

　　距今1.17万年前，皮厚牙大的箭齿兽却突然全部灭绝了，起初研究人员认为是气候改变导致了它们的灭绝，但是最新的证据却将矛头指向人类。在许多箭齿兽化石周围都发现过折断的箭头，这说明箭齿兽曾经遭到过南美洲史前人类的过度捕杀。尽管在公元4世纪南美洲的蒂华纳科（Tiwanaku）古城上，还有疑似箭齿兽模样的雕刻，但没有确凿证据表明它们幸存到了人类文明时代。

植物铲除者

生活在平原上的箭齿兽有着非常奇特的牙齿结构，它们的牙齿没有齿根，牙齿会像老鼠那样生长。简单来说，箭齿兽的牙齿只长不掉，就算不断磨损，也不用担心有一天牙齿被磨没了。箭齿兽的牙齿具有高齿冠的特征，其上门齿起到剪切作用，而下门齿则向前方水平长出，好像一把铲子一样。除了牙齿，箭齿兽还有灵活的上嘴唇，可以向下钩住食物。正是凭借着特化的牙齿和上嘴唇，箭齿兽既可以吃柔嫩多汁的低矮灌木，也能咀嚼比较粗糙的硬草。

箭齿兽的头骨，可以看到其巨大的上门齿和呈铲形向前的下门齿。

两只刃齿虎正在捕食箭齿兽，相比较人类，这些凶猛的动物并没有真正威胁到箭齿兽的生存。

大河狸

平静的池塘里，水面上浮现出一个浑身长毛的怪影，它渐渐游上了岸。这是一头黑熊般大小的大河狸，虽然个子大，但露出嘴外的一对大板牙泄露了它的啮齿类身份。大河狸一边警惕地嗅着空气中有没有猛兽气味，一边摇摇晃晃地走到一棵啃了一半的枯树边，张嘴就用大牙起劲地啃。不知过了多久，只听"喀喇"一声，整棵树轰然倒下，它也有了好几天的食物和筑坝用的"建材"。

档案：大河狸

拉丁学名：*Castoroides*，含义是"像河狸的动物"

科学分类：啮齿目，河狸科

身高体重：体长 2~2.5 米，体重 60~100 千克

体型特征：外表似河狸，尾巴比河狸细长，门牙发达，体大如黑熊

生存时期：晚上新世至更新世（距今 300 万年前~1.2 万年前）

发现地：北美洲

生活环境：湿地

"巨鼠"大如熊

河狸俗称海狸，是一种尾巴扁平像船桨、个子硕大的啮齿类动物。今天生活在北美洲、亚欧大陆北部的两种河狸，都有20~30千克重。而大河狸的外表粗看与现代河狸接近，体型却要大得多。以俄亥俄大河狸（*C. ohioensis*）为例，它们连头带尾体长达2~2.5米，几乎跟黑熊差不多，堪称冰河时代最大的啮齿类。为了在寒冷地区生活，大河狸应该也有一身厚实的毛皮，不过它们的身躯可能不如现代河狸肥硕，因此体重估计"只有"60~100千克，少数个体可能达到200千克。

大河狸与现代北美河狸头骨对比，可见门牙也迥然不同。

除了个子大，大河狸还有长达15厘米的宽大门齿。即便按照身体比例，这上下两对大门牙也比现代河狸的凿子状门齿更长更宽，相当一部分可能突出嘴外成为"獠牙"。尽管尾部的软组织无法保存成化石，但科学家认为，大河狸的尾巴应该也像河狸一样覆盖鳞片，只是形状要细长许多。游泳时，大河狸应该主要靠后腿推动身体，这更接近水獭的游泳姿态。

现代河狸体型圆胖，毛皮厚实，有着船桨一样的扁平尾巴。

冰河双子星

河狸所属的啮齿目，是当今哺乳动物中最庞

大河狸化石骨架，从头骨上看的确像一只超级大老鼠。

大的一个目，现存物种就有2200多个，史前种类更是数不胜数。由于种类繁多，啮齿目的分类也曾有过不少争议。过去科学家根据头骨、牙齿的特征认为河狸与松鼠、豪猪亲缘关系较近；但近年的DNA研究表明，河狸属于一个比较古老的啮齿类支系，更接近家鼠、田鼠、仓鼠等鼠形类。

最早的河狸化石出现在距今3000多万年前的晚始新世，体型只有兔子大小，此后它们逐渐走上了水栖、大型化的演化道路，并在上新世期间从亚欧大陆进入北美洲。

距今300多万年前，全球气候加快变冷，河狸的大型化达到顶峰。除了北美洲的大河狸，在冰河时代的亚欧大陆还出现了体型稍小、但也有近2米长的巨河狸（*Trogontherium*）。在中国的泥河湾、周口店、金牛山等古人类遗址中都有巨河狸的化石。

巨人建筑工？

在更新世冰期，北半球中高纬度地区覆盖着大片冰川、苔原和干草原，但仍有一些林木茂盛的湿地，这为两种巨型河狸提供了优良的生存环境。在北美洲，从寒冷的育空地区到温暖的佛罗里达都留下了大河狸的足迹，不过它们主要分布在美国中东部一带。

今天的河狸是大自然中的"伐木工"和"工程师"，它们不仅每天都要大量啃食树木、灌木，还会收集数以吨计的树枝，垒起供全家居住和越冬的"小屋"。不仅如此，河狸甚至能筑起长达上百米的"堤坝"形成池塘，这样的池塘主要用来阻挡捕食者，同时还会促进附近林木生长。比现

河狸喜爱啃食树枝甚至树干，看似会毁坏森林，其实也加快了森林的新陈代谢。

河狸的巢穴也是个大工程，洞口位于水下，冬天能让全家躲在里面过冬。不过还不清楚大河狸是否也是家族生活。

代河狸庞大得多的大河狸，是否也有类似习性呢？

早期的研究者认为，大河狸的牙齿更接近麝鼠而不是河狸，因此它们可能像麝鼠一样主要取食水中的柔软植物。但在1912年，人们在美国俄亥俄州发现了一个埋在泥炭中的巨大巢穴，直径达2.4米，所用的树枝很多超过7.5厘米粗，里面还有少量大河狸的化石。目前，还没有证据显示大河狸像现代河狸一样以家族为单位群居生活，也不知道它们是不是有筑坝的本领。

宜居的水库

现代河狸每年辛辛苦苦造堤坝，目的就是把自家周围的土地变成"护城河"，获得一片安全自在的家园。大河狸虽然体型硕大，但在短面熊、美洲拟狮和刃齿虎等大型猛兽出没的冰河时代依然是个弱者，而且陆上行动能力比现代河狸更差。研究者认为，大河狸可能比现代河狸更适应水栖生活，它们会尽量减少待在岸上的时间，以免遭到猛兽攻击。以此推测，建造"堤坝"对大河狸来说，应该是合理的选择。

在温带淡水湖泊中，鳄鱼、巨蟒都难以生存，大河狸基本没有危险。与现代河狸一样，它们花大半年收集到巢中的树枝，足够支撑整个冬天，无需冬眠。河狸建造的"堤坝"也会改变周围的生态，尤其是为树木生长提供了充沛水源，而树木反过来又成为它们的未来食物。在稳定的气候下，大河狸可以用终日劳碌，换来稳定的食物来源和安全保障。

为何消失

和其他许多美洲大型动物一样，大河狸也在距今约1.2万年前神秘灭绝了。有观点认为这是由于和现代北美河狸竞争失败所致，但这两种动物曾经在北美洲共存了长达200万年之久。那凶手会不会又是人类呢？

近代的欧洲殖民者曾经为了皮毛而大肆捕杀北美河狸，但目前还没有证据显示，史前猎人曾经捕杀过大河狸。生活在亚欧大陆、曾经与史前人类长期打交道的巨河狸，也几乎是和北美洲的大河狸同时灭绝的。或许，导致它们消亡的只是更新世末期多变的气候。

在自然界，河狸可能是除珊瑚虫之外手笔最大的"建筑师"，已知最大的一座河狸水坝长达850米，是美国胡佛大坝的2倍多。

第三部分
大洋洲大陆

前传：破碎的冈瓦纳

在英语中，"Australia"一词是南方大陆的意思，大航海时代之前，地理学家们就预测南半球有一块大陆。实际上，今天组成大洋洲主体的澳大利亚、新西兰、新喀里多尼亚确实曾是地质史上南方大陆的一部分。南方大陆形成于古生代晚期，占地球陆地面积的一半多，又称冈瓦纳古陆。

在漫长的恐龙时代，冈瓦纳古陆逐渐解体，南美洲、非洲、马达加斯加、印度、新西兰等陆块先后漂离，走上了独自发展的道路。澳大利亚和南极洲长期"藕断丝连"，到距今6000万年前的新生代初期，尽管相隔一片浅海，但两个陆块仍然是一个整体。

距今约4500万年前，澳大利亚终于和南极洲分离。南极洲渐渐滑向地球南端，直到被寒冷的海流封锁，被厚厚的冰层覆盖，这片土地上曾经繁茂的动植物不复存在。与南极洲不同，澳大利亚则成为全球最小的大陆，开始了漫长的北上之旅，并造就了澳洲独特的动植物。

冰河时代 "大澳洲"

距今 200 多万年前，随着更新世冰河时代的来临，全球海平面下降了数十米，澳洲大陆的面积也空前扩大：北方的托雷斯海峡和南方的巴斯海峡都变成了平原，这将澳大利亚本土与新几内亚岛以及塔斯马尼亚岛连接在了一起，形成了一块陆地。在今天澳洲北方的卡奔塔利亚湾，还有海水残留成一个广阔的咸水湖。

即便如此，更新世的澳大利亚依然与亚洲保持着距离。在海平面最低时，澳大利亚西北部与帝汶岛、塞兰岛等最近的东南亚大岛也相隔至少 60~100 千米。除了会飞的鸟类、蝙蝠、忍耐力较强的一些爬行动物、鼠类和小型有袋类，澳大利亚和亚洲的动物依然生存在相互隔绝的两个世界中。

干渴的大陆

更新世的澳洲和今天一样，整体上是一块温暖的大陆，不过在冰河时代，这里的气候比今天更凉爽、潮湿。当人类第一次来到澳洲的时候，新几内亚像今天一样覆盖着大片热带雨林，澳洲北部、东部海岸线数百千米内则是茂密开阔的热带、亚热带林地，那样子有点像今天非洲的稀树草原或灌木林，当时的河流、湖泊也比今天多。再往内陆，草原的面积比今天更向澳洲中心延伸，但广阔的澳洲中西部地区，依然是干旱的沙漠。

实际上，澳大利亚在北上漂移、拥抱阳光的途中，也在洋流的影响下变得愈加干燥。桉树、金合欢树等耐旱树木以及三齿稃等顽强野草成为

今日澳大利亚的标志性自然景观——沙漠，生活着种类繁多的蜥蜴和蛇类，它们在冰河时代大多已经存在。

更新世澳洲还生活着一些大型陆龟，如卷角龟（*Meiolania*）可达 2.5 米长，300 千克重，比今天的加拉帕戈斯象龟还要大。虽然头上长角，面相凶恶，但它们是食草动物。

澳洲景观的主要塑造者。澳洲的动物们，虽然和植物一样高度适应了这片贫瘠的土地，却缺少来自其他大陆物种的入侵和竞争，因此演化速度比较缓慢。与亚欧大陆、非洲和北美洲相比，同时期澳洲的有袋类哺乳动物普遍脑容量较小，巨型动物的种类也少。不过比起今天，冰河时代的澳洲动物群仍令人叹为观止。

巨型动物群

在冰河时代的澳洲灌木丛中，悠然漫步着 2 吨重的双门齿兽（*Diprotodon*），它们大小如同犀牛，是温和的草食者，也是澳洲有史以来最大的本土陆地动物；双门齿兽有着更加古怪的亲戚，它们是体大如牛的袋犀（*Zygomaturus*）袋貘（*Palorchestes*），一个像河马一样爱在湿地里打滚，一个则犹如当时美洲的大地懒，能用前爪抓取树上的枝叶。当时的澳洲大陆上，就连原始又低调的长吻针鼹，都有 30 千克重的大块头亲戚。除此之外，2.5 米高的巨鸟（*Genyornis*）让鸸鹋、鹤鸵都相形见绌，重达 230 千克的巨型短面袋鼠（*Procoptodon*）比今天的红袋鼠还大。

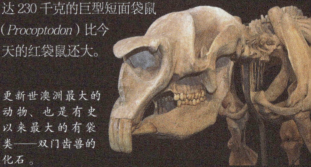

更新世澳洲最大的动物，也是有史以来最大的有袋类——双门齿兽的化石。

位于澳大利亚维多利亚州的布坎（Buchan）溶洞，既有瑰丽的钟乳石美景，也是澳洲更新世哺乳动物的一个化石点。

即便是小巧的鼠袋鼠家族，也涌现出了狼角色：狼一样大的原麝袋鼠（Propleopus），它们是杂食动物，有时也能客串一把捕食者。

冰河时代澳洲大陆的凶险还远不止此，体大如豹、具有超强咬力的袋狮（Thylacoleo）可能埋伏在某个角落，袋狼也还在澳洲的许多地区游荡；澳洲动物们的头号梦魇则是整个新生代时期最大的蜥蜴——长达7米的古巨蜥（Varanus-priscus），它们犹如超大号的科莫多巨蜥，满口利牙还附带毒液攻击，澳洲大陆上几乎没有动物能与之正面相抗⋯⋯

巨兽的消亡

与其他大陆相比，澳洲的大型动物群是灭亡最早、最彻底的，在距今约4万年前，所有的大型动物就已全军覆没。今天，澳大利亚体重超过45千克的本土大型动物只剩下了几种大袋鼠、鸸鹋和两种鳄鱼。

许多科学家认为，澳洲大型动物的灭绝与人类脱不了干系，这些人类就是今天澳洲原住民的祖先。人类于距今约5万年前~4.6万年前登上澳洲大陆，他们是最古老的人类民族之一。由于当时还没有发明投枪、弓箭等"大杀器"，澳洲的史前猎人可能不太擅长猎杀大型动物，但他们手头有一样独门兵器，那就是火。

科学家们推测，澳洲史前人类点起的火焰让原本几年、几十年一遇的森林大火变得频繁发生。森林大火打乱了林地-草地的自然演替节奏，让双门齿兽、巨型短面袋鼠等林地动物因为失去生存环境而难以存活。大赤袋鼠、大灰袋鼠和鸸鹋等生存于荒漠草原中的大型动物因为躲过人类的烧荒和捕杀一直幸存至今。有观点认为，澳洲大型动物的灭绝主要还是因为自然环境的变化，人类活动只是次要因素。看来，有关澳洲大型动物灭绝的真正原因，还有待于今后更多的研究去揭开。

今天澳洲最著名的"大型动物"是大赤袋鼠，它们在更新世时的体型更大，但在各路巨兽面前就不算什么了。

袋狮

档案：袋狮

拉丁学名： *Thylacoleo*，含义是"有育儿袋的狮子"

科学分类：双门齿目，袋狮科

身高体重：体长 1.9 米，肩高 0.7 米，体重 100~160 千克

体型特征：体型似美洲豹，脑袋较短，身体和四肢健壮，拇指上有大爪子

生存时期：更新世（距今 200 万年前~3 万年前）

发现地：澳大利亚东南部

生活环境：森林

树木繁茂的澳洲东部，一只袋狮正在地面上静静地聆听昆虫的鸣叫。在它短短的毛发下是其肌肉发达的四肢，而圆鼓鼓的肚子说明这只袋狮刚刚饱餐一顿。袋狮伸了个懒腰，然后敏捷地爬到树上，那是一棵树干粗壮但是已经枯死的大树。袋狮坐在树顶上发出一声低吼，张开的嘴中露出锋利的大门齿，这对门齿象征着死亡，是当时澳洲动物的梦魇。

袋狮的发现

19世纪30年代初，英国著名探险家托马斯·米切尔（Thomas Mitchell）少校在今天澳大利亚新南威尔士州的威灵顿山谷发现了一些奇特的化石，他将这些化石带回英国。1838年，米切尔第一次描述了这些化石，后来这些化石被查尔斯·欧文研究。

袋狮化石的发现者，英国著名探险家托马斯·米切尔。

1859年，欧文根据这些化石建立了袋狮属（Thylacoleo），模式种为刽子手袋狮（T. carnifex），他在文章中将这种动物描述成"凶猛且带有极大破坏性的食肉猛兽"。

袋狮属于有袋下纲，双门齿目，袋狮科，曾经广泛分布在澳洲大陆上，是当时的顶级捕猎者之一。袋狮出现于距今约200万年前的早更新世，在距今约3万年前的更新世末期灭绝。

巨爪猎人

袋狮是有史以来最大的有袋类食肉动物，几乎与美洲豹相当。袋狮从头到尾长约1.9米，肩高70厘米，体重在100～130千克，少数大型个体可达160千克重。袋狮的脑袋短而宽，长有

袋狮的复原模型，这家伙和我们印象中的顶级掠食者还真是不太一样。

一对大眼睛和两只小耳朵。袋狮的身体结实健壮，尾巴很长，四肢短而有力。与大部分食肉哺乳动物不同的是，它们的前肢比后肢更长、更有力，前肢的第一指具有长而弯曲的大爪子。根据这些身体结构特点，古生物学家判断袋狮是一种善于爬树的动物。隐蔽在树顶的袋狮会趁猎物大意时突然扑上去，用有力的前肢将对方按倒，然后用锋利的牙齿杀死对方。

无敌咬合力

人们曾经普遍认为袋狮的捕食能力无法与同时代其他大陆的洞狮、刃齿虎、恐狼等相比，但近年来的研究却显示袋狮是可怕的杀手。古生物学家对39种现存或已灭绝的哺乳类食肉动物的头骨进行了分析，并计算出犬齿咬合时产生的力量，以此推测其具有的咬伤力。让人意想不到的是，来自澳洲的袋狮拔得头筹，它的咬合力超过了今天的老虎和狮子！

根据测算，一头袋狮的咬合力，相当于同体型的大型猫科动物的三倍。袋狮的牙齿很特别，门齿长而弯曲，代替了犬齿的杀伤功能；臼齿呈长刀片状，适合撕碎肌肉组织。袋狮捕食的时候，应该会用门齿死死地咬住猎物的喉咙，用

袋狮的头骨，其牙齿非常有特色，巨大的门齿用来穿刺，臼齿用来切割。

锋利的臼齿撕裂对方的气管和血管，使其因失血和窒息而死。袋狮的嘴巴就像一把力大无穷的老虎钳，被它们咬住就只有等死了。

树袋熊的威猛亲戚

袋狮属于有袋类中的双门齿目，自成一个袋狮科。该科内还有另外两种有袋类食肉动物：古袋狮（Priscileo）和小袋狮（Wakaleo）。尽管袋狮科的成员个个嗜血成性，但在它们所属的双门齿目里，大部分成员却是食草动物，其中就包括

憨态可掬的树袋熊。如果仔细观察树袋熊，你就会发现它们与袋狮具有许多相似之处：首先是它们的牙齿，树袋熊的门齿像袋狮一样，也是长而弯曲，替代了犬齿；其次是前足的手指，树袋熊第一指上长有大爪子，只是经过长期演化，第二指与第一指并到了一起。其实不单是树袋熊，袋鼠、袋熊都与袋狮有一定的亲缘关系，只不过它们是温和的素食者，而且当年大多都曾是袋狮的猎物。

可爱的树袋熊，它们和凶猛的袋狮可是远亲哦。

凶兽也有意外劫

2002 年，一支来自西澳大利亚博物馆的科考队，在澳洲大陆东南角纳拉伯平原的一个大型石灰岩洞穴中发现了大量史前动物骨骼，其中就包括 8 具完整的袋狮化石。这个岩洞原名纳拉克特岩洞，因为袋狮化石的发现被重新命名为"袋狮洞"。

袋狮洞面积巨大，洞口却非常狭小，就像一个漏斗一样，这就把它变成了一个天然陷阱。距今约 50 万年前，包括哺乳类、爬行类在内的许

在著名的袋狮洞中，研究人员正在清理一具完整的袋狮化石。

澳大利亚艺术家复原的袋狮，画面后面有模糊的壁画。

多动物因为大意而掉进洞中，无法逃脱直到死去，历经岁月变迁变成化石。今天的袋狮洞，已经成为澳大利亚最著名的旅游景点之一，并成功跻身地球十大迷人洞穴第七名。

袋狮的灭绝

曾经凶猛强悍的袋狮最终还是灭绝了，也许澳洲史前人类的岩画可以为我们提供线索。距今约 5 万年前，人类第一次登上澳洲大陆，很快他们就在森林中遇到了袋狮，两个位于食物链顶端的物种爆发了激烈的冲突。2008 年，自然学家提姆·威林（Tim Willing）在澳大利亚西北部海岸附近岩洞的壁画中分辨出了一只袋狮，画中的动物有条纹状背部、簇绒状尾巴和竖立的尖耳，这些特征可是在化石中看不到的。2009 年，人们又在另一处岩画中发现了袋狮的形象，这幅岩画中表现了人类与袋狮搏斗的场景，说明两者的确存在正面交锋！

人类很可能是袋狮灭绝的直接或间接原因，长时间地狩猎和烧荒使得袋狮的生存范围不断缩小，而狗的引入又给袋狮带来了很大的竞争压力。在人类登陆澳洲大陆 1 万年后，曾经强势的袋狮全部消失了。

袋狼

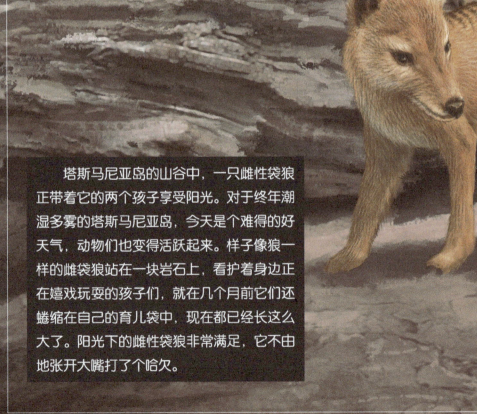

　　塔斯马尼亚岛的山谷中，一只雌性袋狼正带着它的两个孩子享受阳光。对于终年潮湿多雾的塔斯马尼亚岛，今天是个难得的好天气，动物们也变得活跃起来。样子像狼一样的雌袋狼站在一块岩石上，看护着身边正在嬉戏玩耍的孩子们，就在几个月前它们还蜷缩在自己的育儿袋中，现在都已经长这么大了。阳光下的雌性袋狼非常满足，它不由地张开大嘴打了个哈欠。

档案：袋狼

拉丁学名：*Thylacinus*，含义是"有育儿袋的犬"

科学分类：袋鼬目，袋狼科

身高体重：体长 1~1.3 米，肩高 0.6 米，体重 20~30 千克

体型特征：体型似狼，脑袋较长，身体和四肢细瘦，尾巴呈棒状

生存时期：上新世至现代（距今 400 万年前～公元 1936 年）

发现地：澳大利亚本土、新几内亚、塔斯马尼亚岛（欧洲人到来时仅限该岛）

生活环境：林地、草原

"塔斯马尼亚虎"

袋狼是曾经生活在澳洲大陆的一种有袋类食肉动物，关于它们的研究直到近代才真正开始。1642 年，荷兰航海家阿贝尔·塔斯曼（Abel Tasman）第一次登上塔斯马尼亚岛时就见到了袋狼，他称其为"长有老虎爪子的野兽"。后来登岛的欧洲人不断记录这种动物，塔斯马尼亚州副州长甚至于 1805 年向悉尼提交了一份专门性的报告来介绍袋狼。1808 年，塔斯马尼亚州测量局的乔治·哈里斯（George Harris）正式描述并建立了袋狼属（Thylacinus），模式种名为犬袋狼（T. cynocephalus）。

袋狼属于有袋类中的袋鼬目、袋狼科，曾广泛分布于澳洲大陆、塔斯马尼亚岛和新几内亚岛。袋狼出现于距今 400 万年前的上新世，到 1936 年灭绝。由于袋狼背上长有暗色条纹，因此又被称为"塔斯马尼亚虎"。

今天保存在博物馆中的袋狼标本。

有袋的狼

袋狼是唯一一种存活到全新世的大型有袋类食肉动物，外形与狼相似，但与狼没有任何血缘关系，只是趋同演化的结果。袋狼体长 1~1.3 米，尾巴长 0.5~0.7 米，肩高 0.6 米，体重 20~30 千克，有记录最大的袋狼从头到尾长 2.9 米。

袋狼的脑袋较长，嘴巴可以张开 180 度，远远超过今天任何一种食肉动物，就连历史上的剑齿虎类也比不上它们。相对于狼，袋狼的身体较瘦，四肢细长，前肢长有 5 趾，后肢长有 4 趾。

袋狼曾经在塔斯马尼亚岛上较为常见，被大肆杀戮或卖给欧美的动物园，直到人们发现再也找不到它们了。

在袋狼的腹部长有一个向后开口的育儿袋，刚出生的小袋狼就是在这里度过童年、完成初步发育的。袋狼的体毛呈灰色或者黄褐色，在背部至尾巴前部有 15~16 条黑褐色横纹，这也是其绰号"塔斯马尼亚虎"的原因。

袋狼是夜行性动物，它们白天会待在洞穴中睡觉，晚上则外出捕食袋鼠、沙袋鼠等动物。由于自身的爆发力不足，袋狼更多的时候是靠隐蔽突袭进行猎杀的。19 世纪，曾有目击报告称，袋狼有时还会像袋鼠一样，用两条后腿连续跳跃几步。

袋狼的兴衰

袋狼所在的袋狼科有着悠久历史，早在距今 2300 万年前，最早的袋狼就已经出现了。古生物学家将史上的袋狼科分为 7 个不同的属，它们曾经广泛分布于澳洲各地，中新世时的巨袋狼（Maximucinus）体重可达 50~60 千克。到了更新世，袋狼已不再是澳洲最强势的食肉动物，它们面临着来自袋狮、古巨蜥、沃那比蛇等大型动物的压迫。直到距今 3 万年前，随着大型动物纷纷消失，袋狼终于又迎来了属于自己的黄金时代，"捡漏"的它们逐步成为大洋洲的顶级掠食者。

好景不长，距今 5000 年前，澳洲野狗跟随人类来到澳大利亚，它们与处于相同生态位的袋狼发生了激烈冲突。在竞争中，袋狼逐渐支撑不住，于距今 2000 年前逐渐从澳洲大陆消失，而新几内亚岛上的袋狼更早就已经消失了。从此之后，塔斯马尼亚岛便成了袋狼最后的家园。

袋狼的灭绝

18 世纪开始，欧洲人的到来打破了塔斯马尼亚岛的宁静，袋狼随即面临最大的危机。起初，

澳洲野狗，正是这种在力量、耐力和智力上都更有优势的动物将袋狼逐出了澳洲大陆。

袋狼会刻意躲开人类，但是时间一长就开始大着胆子袭击人类饲养的鸡、羊等家畜。对此移民们深恶痛绝，早在1830年就有公司悬赏捕杀袋狼。1888~1909年，塔斯马尼亚当地政府更是奖励猎杀袋狼的人，其中猎杀一只成年袋狼奖励1英镑，猎杀一只未成年袋狼奖励10便士。在20多年的疯狂杀戮中，一共有2268只袋狼被猎杀。

到了20世纪20年代，在塔斯马尼亚岛已经很难见到袋狼了。1936年9月7日，有记录的最后一只袋狼——霍巴特动物园的"本杰明"，由于饲养员的粗心大意，受到长时间暴晒而死。就这样，人类见到的最后一只袋狼也死去了。

不实的目击

从1936年最后一只袋狼死亡至今，澳大利亚罕见动物研究协会一共收到来自大陆西南部和塔斯马尼亚岛超过3600次的袋狼目击记录，其中有几次非常有名。

1967年，在西澳大利亚州尤克拉以西110千米的石灰岩山洞中，人们发现一只已经腐败的动物尸体。尸体后被送到西澳大利亚自然博物馆检验，专

最后一只袋狼"本杰明"，死于1936年9月7日。

复活袋狼

早在1901年袋狼数量迅速减少，部分塔斯马尼亚居民就提出要保护这种稀有动物。直到1936年7月10日，州政府终

塔斯马尼亚州标志，左右两只袋狼非常醒目。

于颁布了保护袋狼的法令，但是在59天之后，已知最后一只袋狼在动物园中死去。塔斯马尼亚州曾经发起多次大规模的寻找袋狼活动，但是都一无所获。为了纪念袋狼，它的形象出现在塔斯马尼亚州的官方徽章上。自1996年起，每年的9月7日被定为澳大利亚的国家濒危物种日，这一天也是袋狼灭绝的日子。

除了纪念袋狼，人们也在努力复活这种动物。通过从一些保存在博物馆中的袋狼幼崽标本中提取组织样本，研究人员已经获得了它们的DNA片段。在未来，随着科技的发展，复活袋狼或许将不再是梦。

家确认这只动物正是已经灭绝了30多年的袋狼。

1985年，一位名叫卡曼隆的原住民猎人拍到几张袋狼的彩色照片，地点同样是在澳洲西部。卡曼隆的口述、照片和采集的足迹证据虽然与袋狼吻合，但是研究人员并没有见到活着的袋狼。

其他来自塔斯马尼亚岛的目击记录与卡曼隆遇到袋狼的情况相似，都无法证明袋狼依然生存。有研究者指出，袋狼主要栖息在开阔平原地区，而塔斯马尼亚岛的大部分平原已被牧场占据，仅存的保护区和目击地点基本位于山区、密林，并不适合袋狼长期生存。

哈斯特鹰

档案：哈斯特鹰

拉丁学名：*Harpagornis*，含义是"具有捕猎功用钩爪的鸟"

科学分类：鹰形目，鹰科

身高体重：体长1.5米，翼展2.6~3米，体重10~18千克

体型特征：大型猛禽，外形如鹰，翅膀宽大，有巨爪

生存时期：更新世至近代（距今180万年前~500年前）

发现地：新西兰

生活环境：山地森林

淡淡的云朵漂浮在新西兰南岛上空，一只巨大的哈斯特鹰翱翔在云朵之间，它低下头，锐利的目光在森林边缘发现了猎物：几只高大的恐鸟。哈斯特鹰收缩双翼，悄然无声地快速向下俯冲。当接近猎物时，哈斯特鹰再次张开宽大的双翼减速，脚上一对老虎钳般的大爪子抓向猎物。此时，觅食的恐鸟才刚刚发现这来自天空中的恐怖袭击……

哈斯特鹰的发现

　　19世纪中叶，新西兰人乔治·亨利·摩尔（George Henry Moore）发现了一些巨大鸟类的化石，他将自己的发现交给了德国地质学家朱利叶斯·冯·哈斯特（Julius von Haast）。根据化石表现出来的特征，哈斯特判断这是一种巨大的鹰，于是在1872年建立了哈斯特鹰属（Harpagornis），模式种名为摩氏哈斯特鹰（H. moorei）。哈斯特鹰的学名意为"长有捕猎功用钩爪的鸟"，其实它的名字应该叫做"猎钩鹰"，只是为了纪念命名者，人们习惯性称其为哈斯特鹰。

　　和今天的雕、鹫一样，哈斯特鹰属于鸟类中的鹰形目，鹰科，是史前新西兰特有的大型食肉鸟，其中又以南岛分布最为集中。哈斯特鹰出现于距今180万年前的中更新世，到500年前后才全部灭绝。

南岛巨鹰

　　哈斯特鹰是一种巨型猛禽，体长1.5米，站立时近1米高，翼展2.6~3米，体重10~18千克。这个体型已不亚于高山兀鹫、秃鹫等食腐猛禽，比起南美洲的安第斯神鹰（目前分类上不属于鹰隼类）也不遑多让，是当之无愧的史上第一鹰。

　　哈斯特鹰的脑袋很长，坚硬的角质喙前端是锋利的弯钩，这是它们的主要攻击武器和进食工具。哈斯特鹰有一对特别大的眼睛，视力极为发达，飞在空中就可以发现很远处地面上的蛛丝马迹。与其他猛禽一样，哈斯特鹰的骨骼轻而中空，但非常结实，附着有强大的肌肉群，保证宽大的翅膀可以快速拍打。哈斯特鹰的后肢同样强健，每只脚上有4个巨大骇人的钩爪，尺寸几乎相当于老虎的爪子，哈斯特鹰主要靠

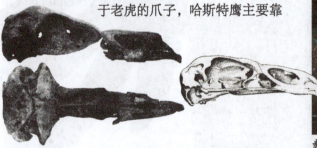

哈斯特鹰的头骨化石，可看到其前部弯曲带钩的角质喙。

正在扑食的金雕，其外形与哈斯特鹰相似。

它们来抓住猎物。在哈斯特鹰的尾部长有长约0.5米的尾羽，宽阔的尾部可以为它们提供额外的升力和更好的飞行操控性。

恐鸟杀手

　　当哈斯特鹰首次被发现时，研究者还认为它是一种不会飞的食腐鸟，这与它们的真实面目截然相反。巨大凶猛的哈斯特鹰曾经是新西兰的顶级掠食者，这里没有老鼠、兔子、小鹿，它们的主要食物是鸟类——巨大的恐鸟。

　　恐鸟是新西兰的一类独特巨鸟，外形类似于

新西兰的德帕帕东加雷瓦博物馆中，展示了哈斯特鹰攻击恐鸟的复原场景。

食人巨鹰

哈斯特鹰可以轻易击倒恐鸟，杀死人类更是不在话下。当毛利人的祖先波利尼西亚人踏入新西兰后，人类就毫无悬念地出现在哈斯特鹰的食谱中——人类双足直立行走的姿态，加上波利尼西亚人喜欢穿羽毛制成的服装，在哈斯特鹰看来可能就是另一种"怪鸟"而已。在毛利人的传说中，提到新西兰山区居住着一种巨大的鸟类，名字叫做"pouakai"或"hokioi"，这种可怕巨鸟以人类为食，可以轻易杀死小孩。研究发现，毛利人的传说与事实完全吻合，而且似乎还有点儿弱化了哈斯特鹰的杀伤力。人类面对这种空中猛禽也没有什么好办法。

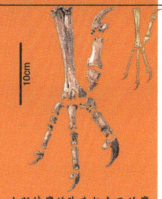

哈斯特鹰的脚爪与今天的鹰对比，这是它们捕猎的利器。

鸵鸟，但有几种恐鸟更为高大，最大者高 3.5 米，体重约 250 千克。尽管大型恐鸟比哈斯特鹰重 10 倍以上，却仍然难逃对方的魔爪。一只体重 15 千克的哈斯特鹰，俯冲时的速度可能达到每小时 80 千米，就像一枚高速下坠的炸弹直冲目标。当接近目标时，哈斯特鹰会用可怕的巨爪牢牢抓住猎物的背部，并用锋利的喙嘴攻击对方的头骨和颈部。如此猛烈的攻击往往可以达到一击毙命的效果，瞬间放倒巨大的恐鸟。

从小鹰到大鹰

体型巨大的哈斯特鹰，看起来像是由其他大型猛禽进化来的，比如今天生活在澳大利亚的楔尾鹰；但最新的 DNA 分析却显示，它们的祖先是一种体型较小的鹰类。当小型鹰类来到新西兰时，由于缺乏竞争，它们的体型在短短的几十万年中迅速增大，翼展从 1 米扩大至 3 米，体重从 1 千克增加到 18 千克。哈斯特鹰体重增大的速度，在脊椎动物尤其是鸟类当中也是非常罕见了，算是创造了个纪录。虽然体型在急速增大，但是哈斯特鹰的大脑进化速度远低于身体发育生长的速度，尽管有着大块头，但是它们的智力并不比祖先高多少。

哈斯特鹰的骨骼化石，今天我们只能在博物馆中见到这种动物了。

失去目标的王者

尽管居于新西兰顶级掠食者的位置，但是哈斯特鹰还是在距今约 500 年前灭绝了。哈斯特鹰灭绝的原因是人类活动，虽然在与哈斯特鹰的交锋中人类没有任何优势可言，可人类对另一种动物的捕杀却将哈斯特鹰逼入绝境。大约 1000 年前，人类来到了新西兰，他们很快便发现恐鸟是美味的食材。经过几个世纪的持续捕杀，恐鸟消失了，以恐鸟为食的哈斯特鹰也因为没有了食物来源而灭绝殆尽。

工作室中正在加工的哈斯特鹰模型，身体的大型化并没有明显提高它们的智力。

古巨蜥

炎热的阳光烘烤着澳洲大陆内陆的荒野，两只小鸟在一块大石板的边缘寻找昆虫。一个巨大的身影突然出现在石板上，吓得鸟儿惊慌失措地飞了起来。这个大家伙是一条古巨蜥，只见它扭动着长满鳞片的身体在石板上爬行，口中不时吐出分叉的舌头。古巨蜥张开大嘴露出可怕的牙齿，它通过这种方式宣告对这里的统治权。

档案：古巨蜥

拉丁学名：*Varanus priscus*，含义是"原始的巨蜥"

科学分类：爬行纲，有鳞目，巨蜥科，巨蜥属

身高体重：体长7米，体重1吨

体型特征：体型类似今天的科莫多巨蜥，脑袋大而扁，身体和尾巴长，四肢粗壮有力

生存时期：更新世（？~3万年前）

发现地：澳大利亚

生活环境：半干旱草原、林地

古巨蜥的发现

1859 年，理查德·欧文根据发现于澳洲的几块脊椎骨化石，建立了古游蜥属（*Megalania*），意思是"远古漫游者"。古游蜥属内只有一种：模式种巨古游蜥（*M. prisca*）。欧文建立古游蜥属之后，这个物种的有效性便遭到了质疑。1888 年，英国古生物学家理查德·莱德克（Richard Lydekker）重新研究了化石，并将其归入了巨蜥属，原属名作废。古巨蜥成为巨蜥属下的一个种，学名为 *Varanus priscus*。

古巨蜥属于爬行纲，有鳞目，巨蜥科，巨蜥属，曾经广泛分布于澳洲大陆上，与袋狮、沃那比蛇等一起成为顶级掠食者。由于化石有限，我们目前还不确定古巨蜥出现的时间，不过它们在距今 3 万年前从澳洲消失了。

到底有多大？

由于缺乏完整的骨骼化石，关于古巨蜥体型的测定一直存在着分歧。长期以来，古巨蜥一直被描述为体长 7 米、体重 600~620 千克的巨怪，可与尼罗鳄媲美。2002 年，斯蒂芬·罗（Stephen Wroe）认为古巨蜥的体型被夸大了，而且早期的计算方法也有问题。按照罗的计算，古巨蜥的最大个体长度为 4.5 米，体重 331 千克，平均只有约 3.5 米长、97~158 千克重，跟最大个体的科莫多巨蜥差不多。

让爱好者们庆幸的是，这么让人扫兴的观点很快就遭到了质疑。2004 年，拉尔夫·莫尔纳（Ralph Molnar）以最早发现的脊椎骨为基础，对

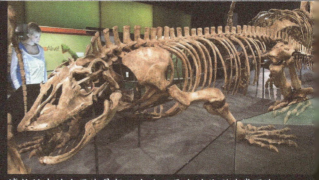
博物馆中的古巨蜥骨架，由此可见它的体型非常巨大。

古巨蜥的体长做了几种可能性分析：如果套用树巨蜥的身体比例，那么古巨蜥的长度可以达到 7.9 米；如果套用科莫多巨蜥的身体比例，古巨蜥的长度约 7 米。按照 7 米的体长来计算，古巨蜥的极限体重达 1.9 吨，平均体重 320 千克，看来其最大陆生蜥蜴的地位还是无可撼动的，至少远超过科莫多巨蜥没有问题。

更新世大爬虫

古巨蜥长有巨大扁平的脑袋，一对大眼睛长在头顶两侧。在古巨蜥的嘴中长有两排弯曲锋利的牙齿，而分叉的舌头会不时地伸出来感受空气中的气味信息。古巨蜥的脖子短粗，身体强壮，尾巴较长。与今天的巨蜥一样，古巨蜥的四肢长而有力，每个脚上长有 5 指，指尖还有弯曲的爪

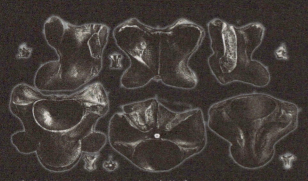
最早被发现的属于古巨蜥的脊椎骨化石。

古巨蜥的复原模型，它们不但生活在平原上，也生活在森林中。

子。作为不折不扣的爬行动物,古巨蜥的四肢弯曲,运动时腹部贴着地面,整个身体呈"S"形扭动。尽管古巨蜥的样子看上去有些笨重,但是它们却有着强大的爆发力,可以在短时间内以高速向前冲刺。

今天的科莫多巨蜥,它们与古巨蜥的亲缘关系可能并不是很近。

祖先尚有争议

在归入巨蜥属之后,研究人员尝试理清古巨蜥在巨蜥属中的进化关系和位置。一项研究发现,古巨蜥的头骨形态与同样生活在澳大利亚的眼斑巨蜥相似,两者也许有很近的亲缘关系。另一项研究则指出,古巨蜥的脑颅结构与科莫多巨蜥相似,两者应该具有亲缘关系。无论与哪种巨蜥的关系最近,古巨蜥都是巨蜥家族中最为庞大的成员,它比科莫多巨蜥大10倍。

古巨蜥之所以能长这么大,与澳大利亚独特的自然环境有着密切的联系,半干旱的气候非常适合蜥蜴的生存,缺乏大型猛兽又加速了它们的体型增大,朝着巨型掠食者的方向演化。

澳洲土霸王

古巨蜥不但是史前澳洲的顶级掠食者,而且还是当地体型最大的食肉动物,它比同时代的袋狮、金卡纳鳄等都要巨大,可以说是没有天敌的。

霸气的古巨蜥骨骼,或许有一天我们能够复活这种动物。

古巨蜥宽大的嘴巴和锋利的牙齿都是捕猎利器。

大块头的古巨蜥当然要捕食大型的猎物,包括双门齿兽、巨型短面袋鼠及牛顿巨鸟等。一般认为古巨蜥会潜伏在草丛和灌木中,等猎物靠近时突然扑上去,然后用嘴中锋利的牙齿杀死对方,不过研究认为它们有更加致命的武器,那就是毒液。除了自己捕食,古巨蜥还会凭借巨大的体型和带毒的巨口,从袋狮、袋狼等有袋类猛兽口中抢夺猎物。今天的各种巨蜥大多爱吃腐肉,古巨蜥应该也不会例外,它们对腐肉中各种病菌的抵抗力可是相当强的。

巨蜥已成传说

尽管拥有绝对的身体优势,但是古巨蜥的数量却一直不多,远不如同时代的袋狮化石丰富。当人类来到澳洲大陆时曾经与这种巨大的爬行动物相遇,两者随即爆发了冲突。澳洲土著居民的传说曾提到一种来自高山的巨型蜥蜴造成了人们的恐慌,这种动物很可能就是古巨蜥。在距今3万年前,由于气候的变化、食物的减少及人类的影响,古巨蜥的数量不断减少,直至最终灭绝。古巨蜥灭绝之后,关于这种巨大动物的目击传闻就没中断过,但是目前还没有任何确凿证据证明它们还生活在地球上。

金卡纳鳄

潺潺的溪流边，一只青蛙"呱呱"地叫着。伴随着叫声，一个影子正在靠近，吓得青蛙连蹦带跳地躲进水中。很快，一只金卡纳鳄出现在水边，它摇晃着身体行进，嘴巴微张，锐利的目光谨慎地观察着四周。与今天的鳄鱼不同，它的四肢长而强壮，使得身体不用再贴着地面爬行。

档案：金卡纳鳄

拉丁学名：*Quinkana*，含义是"昆坎"

科学分类：爬行纲，鳄目，鳄科，马氏鳄亚科

身高体重：体长3米，体重90~120千克

体型特征：外表类似今天鳄类，但身体更细，四肢更长

生存时期：渐新世至更新世（2400万年前~4万年前）

发现地：澳大利亚

生活环境：半干旱草原

金卡纳鳄的发现

20世纪70年代，古生物学家在澳大利亚昆士兰州东北部的布拉夫－唐斯发现了一些属于鳄目的头骨及牙齿化石。化石中显示了一些不同于常见鳄鱼的特征，特别是弯曲的牙齿。1981年，澳大利亚博物馆的古生物学家莫尔纳（Molnar）根据这些化石建立了金卡纳鳄属（*Quinkana*），属名来自澳洲原住民传说的动物——昆坎。金卡纳鳄的模式种被命名为粗吻金卡纳鳄（*Q. fortirostrum*），种名来自其强壮的头骨化石。

金卡纳鳄属于鳄类中的鳄科，马氏鳄亚科，化石主要见于澳大利亚东部。由于金卡纳鳄属内有多个种，不同种生存的年代各不相同，因此该属生存的时间跨度很大，从距今2400万年前的渐新世，一直延续到距今4万年前的晚更新世才灭绝。

陆行鳄鱼

金卡纳鳄有着常见的鳄类外形，但在牙齿、四肢等方面又与今天常见的几种鳄类有一些不同。金卡纳鳄体长2~3米，体重90~120千克，与遥罗鳄差不多。金卡纳鳄的头部扁长厚实，头顶两侧长有一对小眼睛，可以很好地观察周围的环境。鳄类一般长有圆锥形的牙齿，非常适合固定滑溜溜的猎物，但金卡纳鳄的牙齿却比较弯曲、而且边缘带有锯齿，这种结构类似恐龙牙齿，是撕咬的利器。

金卡纳鳄的身体圆鼓但并不肥胖，脊背和长长的尾巴上覆盖了坚韧的甲片，显得厚重结实。与水栖为主的现生鳄类不同，金卡纳鳄具有较长

布拉夫－唐斯地区，澳大利亚的许多古生物化石都是在这里发现的。

人们发现的第一块金卡纳鳄化石，该个体的长度约为3米。

的四肢，其中后肢比前肢更强壮。这样的四肢赋予了金卡纳鳄强大的陆地行动能力，它们不但可以在陆地上稳健行走，甚至还能快速奔跑一段距离。金卡纳鳄是鳄类家族中的另类，它们不再依赖湖泊和沼泽，已经成为一种适应陆地生活的强悍动物。

并非超级巨怪

关于金卡纳鳄的体型，有些科普读物称其体长可达7~9米，体重1吨，比今天的湾鳄、尼罗鳄还要大，这种"放卫星"的数据其实是没有任何根据的。在金卡纳鳄属中，出现最早的米氏金卡纳鳄（*Q. meboldi*）和蒂马鲁金卡纳鳄（*Q. timara*）体长只有2米。1981年，莫尔纳描述的粗吻金卡纳鳄模式标本的体长为3米，而常见的最大个体5米的说法并没有根据。如此来看，金卡纳鳄的体型远比此前认为的要小，它们虽然凶猛，但是并不巨大。

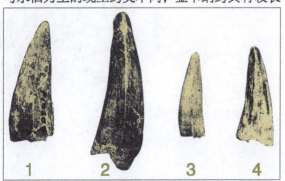

1　2　3　4

金卡纳鳄的牙齿化石，其外形与常见的鳄类牙齿不同。

依然离不开水

　　宽阔而深的吻部，弯曲锋利的牙齿，覆盖甲片的身体，长而健壮的四肢，这一切都显示金卡纳鳄具有很强的陆地行动能力。金卡纳鳄会在陆地上奔跑追逐猎物，然后用有力的双腭瞬间咬住并杀死猎物。难道金卡纳鳄真的已经完全摆脱对水的依赖了吗？

　　古生物学家用现存的鳄类与金卡纳鳄对比，发现它们与南美洲的古鳄在骨骼形态上非常相似。古鳄是现存陆栖能力最强的鳄类，但依然是离不开水的半水栖，以此推测，金卡纳鳄也可能是半水栖的。半水栖的生活方式会给金卡纳鳄带来更多的优势，避免了与大型陆生掠食者爆发激烈的竞争，同时扩大了生存范围，也增加了取食范围。或许这也可以解释为什么金卡纳鳄的化石大部分都是在沿海湿润地区发现的。

今天澳洲最大的掠食者——湾鳄，它们也是现存最大的鳄鱼，体长可达 5～6 米。

马氏鳄头骨化石，从化石上看，这家伙有对大眼睛。

生活在南美洲的古鳄，它是身体结构与金卡纳鳄最接近的现生鳄类。

马氏鳄亚科

　　金卡纳鳄所在的马氏鳄亚科（Mekosuchinae），是大洋洲特有的鳄鱼亚科，其最早出现于始新世的澳大利亚。最早的马氏鳄亚科成员不但小，而且会爬树，不过它们后代的体型逐渐变大。当晚中新世到来时，马氏鳄（Mekosuchus）属出现了，这种半水栖的鳄类通过"跳岛"方式扩散到太平洋上的其他岛屿，包括斐济、新喀里多尼亚及瓦努阿图等。更新世末期，马氏鳄亚科的种类、数量不断减少。进入全新世之后，随着人类一个接一个地登陆大洋洲岛屿，最后的马氏鳄遭到了大量捕杀。距今3000 年前，最后的马氏鳄从新喀里多尼亚和瓦努阿图消失，整个马氏鳄亚科就此完全灭绝。

金卡纳鳄的灭绝

　　金卡纳鳄于距今 4 万年前灭绝，当时人类刚刚到达澳洲大陆。在晚更新世，由于气候突变导致澳大利亚大陆的环境发生改变，许多大型动物纷纷灭绝，这使得金卡纳鳄的食物减少。同一时期，东南亚的湾鳄进入大洋洲，侵占了澳洲东岸的湖泊、沼泽地带，它们强大的竞争力压倒了半水栖的金卡纳鳄。在食物不足和激烈竞争的双重压力下，金卡纳鳄最终灭绝了。

沃那比蛇

澳洲南部的洞穴中，一条5米长的沃那比蛇盘着身子正在休息，身上光滑的鳞片呈现出非常美丽的花纹。一只路过的岩袋鼠不小心蹬掉了块石头，滚进洞中重重撞在沃那比蛇的身上，惊醒了熟睡中的沃那比蛇。它原本盘在一起的身体瞬间迸射开来，张开大嘴露出锋利弯曲的长牙，弯曲的身体时刻准备发起进攻。

档案：沃那比蛇

拉丁学名：*Wonambi*，含义是"彩虹巨蛇"

科学分类：爬行纲，有鳞目，蛇亚目，真蛇下目，巨蛇科

身高体重：体长5米，体重12千克

体型特征：体型类似蟒蛇，头部较小

生存时期：中新世至更新世（距今2000万年前~4万年前）

发现地：澳大利亚

生活环境：森林

沃那比蛇的发现

20 世纪 70 年代，在南澳大利亚州纳拉库特的一个洞穴中，人们发现了一些属于巨型蛇类的骨骼化石。这是澳大利亚第一次发现灭绝蛇类的化石，因此引起了广泛关注。古生物学家史密斯（Smith）在研究了化石之后于 1976 年建立了沃那比蛇属（*Wonambi*），属名来自澳洲原住民传说的"彩虹蛇"。目前沃那比蛇属有两个种：模式种纳拉库特沃那比蛇（*W. naracoortensis*）和巴氏沃那比蛇（*W. barriei*）。

沃那比蛇属于蛇类中的巨蛇科，主要分布于澳大利亚南部地区，目前发现其化石的地区包括南澳大利亚州、新南威尔士州和西澳大利亚州。沃那比蛇是一种相当长寿的动物，最早出现于距今 2000 万年前的中新世，直到距今 5 万年前的晚更新世才最终灭绝。

沃那比蛇的复原模型，它正在吞咽一只被缠住的袋鼠。

该也有前端分叉的舌头，用于采集空气中的气味颗粒，增强嗅觉。尽管没有任何鳞片化石，不过沃那比蛇身上应该有漂亮的花纹。沃那比蛇的嘴中没有毒腺，属于无毒蛇，攻击时主要用卷曲的身体将猎物死死缠住，直到猎物窒息而死。等猎物断气了，沃那比蛇会张大嘴，将其一点一点吞到肚子里面去。

形如巨蟒

从体型上看，沃那比蛇是大型蛇类，与今天的蟒有相似的外形和特征。沃那比蛇的体型曾经被严重夸大，阿德雷得大学的约翰·巴里（John Barrie）推算其体长达 15 米，体重 250 千克。但目前公认的沃那比蛇的长度约 5 米，体重 12 千克，最大的体重估计也不过 50 千克，比今天澳洲的紫晶蟒还要小。

沃那比蛇的脑袋较小，吻端扁平，口中长有锋利弯曲的牙齿。与今天的蛇一样，沃那比蛇应

古老的巨蛇

实际上，沃那比蛇与今天旧大陆的蟒类、美洲的蚺类并没有太近的亲缘关系，它们属于巨蛇科（Madtsoiidae）。该科是蛇亚目中非常原始的类群，与今天的蛇类有着明显的区别。目前已定名的史前巨蛇科成员共有 13 个属、超过 20 个种，其化石在南美洲、非洲、印度、澳洲和欧洲南部被发现。

在其漫长的进化历史中，巨蛇科一直是强势的掠食者，即使是在恐龙称霸的中生代也不例外。白垩纪的巨蛇科成员就已经有了巨大的体型，它们甚至以刚出生的小恐龙为食。随着哺乳动物的进化和蟒科、蚺科的兴起，巨蛇科逐渐衰落，而沃那比蛇就是这个家族中的最后成员。

沃那比蛇与天蛇

从晚始新世开始，地球的气候由湿热变得干冷，越来越接近今天的气候。气候和环境的改变对于巨蛇科是沉重打击，它们在大部分地区销声匿迹，只有生活在澳大利亚的一支继承了这个古老家族的血脉。中新世的澳洲不仅出现了沃那比蛇，还出现了同属巨蛇科的天蛇（*Yurlunggur*）。

沃那比蛇的化石。

天蛇出现于距今2500万年前，在距今2000万年前消失，它曾经与沃那比蛇共存过一段时间。从体型上看，天蛇比沃那比蛇要稍大一些，其体长约6米，身体直径30厘米，体重15千克。

澳洲虹蛇

在澳洲大陆的土著文化中，虹蛇是最重要的图腾，土著居民将其作为保护神、造物主来崇拜。由于气候干旱，澳洲原住民祈求雨水和彩虹，因此创造了虹蛇。传说中虹蛇拥有铜质的身体，它虽然外表像蛇，但却是具有超越一切善恶、至高无上的神。在澳洲常能看到关于虹蛇的岩画，在这些岩画中虹蛇被描绘成长着袋鼠头、鳄鱼牙、鱼尾巴、羽毛状耳朵、长穗般身躯的古怪生物。从一系列传说和探寻中可以推断，虹蛇的形象很可能是在沃那比蛇的基础上诞生的。今天，虹蛇已经成为澳大利亚标志性的本土文化元素。

近乎完整的天蛇头骨，外形与蜥蜴有些相似。

博物馆中的骨架，表现了沃那比蛇与袋狮的搏斗。

沃那比蛇的灭绝

尽管沃那比蛇的体型较大，但是它们却无法与古巨蜥、袋狮这样的顶级掠食者竞争。头骨研究分析显示，沃那比蛇的头部太小，无法像今天的蟒、蚺一样吞咽大型的猎物，这限制了它们的捕猎范围。沃那比蛇一般会隐藏在水源地附近，伺机偷袭来饮水的中小型动物。

当人类来到澳大利亚之后，便与沃那比蛇相遇，它可能会袭击并杀死儿童。沃那比蛇给人类留下了深刻的印象，直到今天，在澳洲内陆原住民的文化中仍保留着禁止儿童独自去水源地的传统。距今约4万年前，在人类的捕杀和环境改变的双重作用下，沃那比蛇灭绝了。沃那比蛇的灭绝不仅仅意味着澳洲最大蛇类的消失，同时也意味着巨蛇科长达7000万年的血脉就此断绝。

白垩纪时期，巨蛇科的古裂口蛇正准备对一只刚出生的小恐龙下手。

双门齿兽

烈日炎炎的午后，整个平原都被晒得发烫，只有林地里还有些许阴凉。然而今天很少有小动物来此避暑，因为这里被几头庞大的双门齿兽占领了——这些粗壮如牛的动物，虽然性情温顺、行动迟缓，但吃起东西来动作却很粗鲁。由于这几年气候干旱，周边不少双门齿兽都迁到了这片树林，显得越来越拥挤了。

档案：双门齿兽

拉丁学名：*Diprotodon*，含义是"两颗前牙"

科学分类：双门齿目，双门齿兽科

身高体重：体长 3 米，体重 2.7 吨（雄性）

体型特征：大如犀牛，身披短毛，头颅硕大，有两颗大板牙

生存时期：更新世（距今 160 万年前~4.6 万年前）

发现地：澳大利亚

生活环境：林地、稀树草原

史上最大有袋兽

"有袋类"是哺乳动物中比较原始的一类，在漫长的演化历程中，只有长期与其他大陆隔绝的澳洲、南美洲留下了有袋类的踪迹。大部分有袋类的体重都不足 100 千克，但是在冰河时代却出现了史上最大的有袋类动物——双门齿兽。

双门齿兽的化石最早于 1838 年由理查德·欧文定名，曾经被分为好几个不同的种，但现在都被归为丽纹双门齿兽（D. optatum）的一个种。细论亲戚的话，双门齿兽和挖地洞的袋熊、爬桉树的树袋熊关系最近，都属于有袋类中的双门齿目、袋熊亚目，它的模样也有点像超大号的袋熊，只是钻不进洞、爬不上树罢了。双门齿兽自成一个双门齿兽科，一头成年雄性双门齿兽体长 3 米（其中头长占了近 1/3），肩高近 2 米，体重估测可达 2.7 吨，比起今天的白犀牛、印度犀或河马毫不逊色。相对于雄性，雌性双门齿兽则要"娇小"许多，有 0.9~1 吨重。雌雄双门齿兽个头相差如此之大，以致科学家曾认为它们是两种不同的动物。

并非犀牛河马

由于体型庞大，双门齿兽又被称作"河马袋熊"，或者被形容成"有袋类中的犀牛"。其实生物演化不会产生一模一样的作品，虽然也生活在温暖地区，但根据脚印化石上的毛发压痕，双门齿兽活着时很可能浑身披着长毛，这与外表光秃秃的犀牛和河马不同。脚印化石还透露，双门齿兽在行走时会像骆驼一样"顺拐"，总是同时迈出同一侧的两条腿。

相对于庞大的体型，双门齿兽的头骨比较脆弱。

今天的袋熊是双门齿兽最近的亲戚，但体重只是它们的百分之一。

至于"双门齿兽"一名，则来自它们那发达的上门齿。袋鼠、袋熊等有袋类将这对牙齿发扬光大，成为撕扯、切割食物的利器。双门齿兽的上门齿露出嘴外，形成一对"大板牙"，看起来有点像超大号的老鼠。

吃树叶　爱喝水

迄今发现的双门齿兽化石，主要发现于澳大利亚东部、南部和西部，而很少现身干旱的澳洲内陆。伴生植物和牙齿结构也表明，双门齿兽并非食肉动物，而是以树木枝叶为主食，它们喜爱开阔林地、灌丛等环境。

与耐渴的大袋鼠不同，双门齿兽非常依赖水源，可能几乎每天都要喝水，这就限制了它们的分布。为了支撑沉重的身躯，双门齿兽的四肢粗壮如柱，关节却较为灵活。有研究者推测，双门齿兽会像美洲的大地懒一样站立起来，用前肢扯下较高处的枝叶。

"绅士"的求偶

或许是由于抬头时需要给颈椎"减负"，双门齿兽的头骨是近乎双层的结构，外层为大块咀嚼肌提供附着点，内层则保护大脑，两层之间是个空腔。别看它们头大，脑子却小得可怜，脑容量还不如鼻腔大。

双门齿兽轻薄、脆弱的头骨结构，不适合剧

更新世澳洲的巨型有袋类不只双门齿兽，还有稍小的袋犀（*Zygomaturus*）。它们体长 2~2.5 米，体重约 500 千克，生活习性更像河马，以沿海、河湖湿地的柔软植物为食。

澳大利亚博物馆里的双门齿兽复原模型，屁股上的大口子是朝后的育儿袋。

烈冲撞，化石上也很少有打斗痕迹。这表明，双门齿兽很可能是"温顺的巨人"，即便在雄性求偶期间也很少动武，而是通过炫耀体型来决出胜负。

作为有袋类动物，雌性双门齿兽身上也有育儿袋，而且与今天的袋熊一样是袋口朝后的。袋熊这样是为了挖地洞免得进土，但在双门齿兽身上，恐怕就不太利于清理卫生了。迄今为止，已经有不止一具带仔雌兽的化石出土，它们可能死于育儿袋感染引发的疾病。

御敌之道　简单有效

面对捕食者，憨大笨粗又缺少护身武器的双门齿兽，只能倚仗庞大的身躯威慑对方。在冰河时代的澳洲大陆，袋狮、古巨蜥都是令它们不可小觑的劲敌。化石表明，曾经有双门齿兽幼仔遭到袋狮攻击，幸存后留下了伤痕。至于古巨蜥，很可能与今天的科莫多巨蜥一样，口中含有慢性致死的毒

液，足以对成年双门齿兽造成致命的威胁。

虽然有这些潜在危险，目前已经发现的许多具双门齿兽化石都显示出严重的牙齿、关节磨损，意味着它们入土前活到了高龄，真可谓"傻有傻福"啊！

烈火中消逝？

距今约 5 万年前，人类登上了澳洲大陆，成为双门齿兽的新邻居。人类是否就是它们灭绝的导火索呢？实际上，人类与双门齿兽在这片大陆至少共存了上万年，而且还没有确凿证据显示，澳洲史前人类曾经猎杀过庞大的双门齿兽。澳洲史前猎人手中的武器不如北方寒冷地区的猎人先进，不过他们还有一个破坏力超强的大招：放火。

澳大利亚气候干旱，野火频发，使得森林与草地就像潮起潮落一样，互为进退。双门齿兽等食叶动物和袋鼠等食草动物，也在这种森林、草地的循环交替中各得其所。人类到来后，开始越来越频繁地人为"纵火"，以获得更适合自己居住的土地，这压缩着双门齿兽的生存空间。加之距今 2.5 万~2 万年前，全球气候开始向一个寒冷高峰期转变，澳大利亚的气候愈发变干，这加速了森林和水源的消失。栖息地的不断缩减，或许就是双门齿兽灭绝的真正原因。

直到今天，森林大火依然是澳洲大陆的一道常见景观。如果史前澳洲人类曾经有计划地频繁点火烧林，很可能会迅速剥夺双门齿兽的生存空间，加快它们的灭绝。

袋貘

夕阳西下，暴晒了一天的地面依然炙热难耐。这里是澳大利亚北部的一条山谷，河床近日来快速干涸，只剩下一条细流和厚厚的淤泥。一头怪模怪样的袋貘缓缓来到河边饮水，但脏水滋生了大群蚊蝇，即便是迟钝、淡定如袋貘，刚喝了几口水也被叮得忍受不了。无奈之下，它甩了甩硕大的头颅，趴在泥地上开始打起了滚……虽然一身粗毛被泥糊上并不舒服，但至少可以稍微清静一点。

档案：袋貘

拉丁学名：*Palorchestes*，含义是"远古的跳跃者"

科学分类：双门齿目，袋貘科

身高体重：体长 2~2.5 米，体重 200~500 千克

体型特征：体大如棕熊，头部细长，有长鼻子

生存时期：晚中新世至更新世（距今 600 万年前~4.6 万年前）

发现地：澳大利亚

生活环境：森林

像袋鼠，还是像貘？

数千万年来，澳洲大陆的有袋类动物几乎与世隔绝。由于大自然"趋同演化"法则，这片土地上的动物或多或少都能在旧大陆找到"对应版"。为了称呼方便，人们给它们起名时，往往用自己熟悉的旧大陆动物的名字进行套用，比如袋熊、袋獾、袋鼬、袋貂。以本来就够怪异的"貘"作为参照的"袋貘"，也是如此吗？

实际上，袋貘最初的化石只有牙齿与下颌碎片，于是它的命名者——著名古生物学家理查德·欧文把它当成了一种大型袋鼠，其拉丁文学名意思就是"远古的跳跃者"。到20世纪，人们才发现袋貘其实更接近袋熊、双门齿兽一族，而不是袋鼠。直到19世纪70年代，更完整的袋貘化石出土，人们才终于意识到，这原来是一种如此"奇葩"的动物，在今天的哺乳类中简直都找不到对应版。

冰河时代的澳洲至少有3种袋貘，其中最大、最著名的一种叫阿泽尔袋貘（*P. azeal*），个头跟棕熊差不多，体长2~2.5米，体重200千克以上，有估计认为其最大个体重量可达500千克。袋貘的头骨又尖又长，鼻骨结构显示它们很可能有一个类似貘的长鼻子，于是获得了"袋貘"的称呼。袋貘的四肢完全不同于有蹄类那种适合跑动的结构，而是短而粗壮，四只脚上都有爪子。

现存马来貘的头部，长鼻子是貘的标志，可以帮助它们取食枝叶。

袋貘的生活习性

袋貘与美洲冰河时代的奇兽——地懒有颇多类似之处。首先是个头，袋貘相当于中等大小的地懒种类；与地懒一样，袋貘平时也用四肢行走，但后肢粗短有力，能"坐"在地上；袋貘的前肢也类似地懒那样长而弯曲，手指上长有12厘米长的钩状脚爪，可以勾取树上的枝叶。与大地懒不同的是，袋貘的尾巴又短又细，它们无法像大地懒那样用后肢、尾巴形成"三脚架"，让身子直立起来。

袋貘细长的下颌意味着它们嘴里有一条灵活的长舌头，这就像貘或长颈鹿这些树叶食客一样，它们会用长舌头卷住树枝。不过与纯粹的食叶动物不同，袋貘的臼齿是硕大的高冠齿，表明它们可以啃食树枝、树皮等粗糙坚硬的食物，这应该是对澳洲干旱气候的适应。干旱时节，袋貘或许还能用爪子挖掘地下的植物根茎。

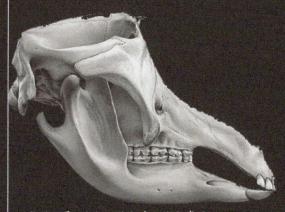

袋貘头骨，它们可能拥有一个长鼻子。

袋貘的四肢和脊椎结构，允许它们做出蹲坐、直立的姿势。

像考拉一样呆

像今天慵懒好睡、缺乏自卫能力的考拉一样，取食桉树叶需要付出相当的代价。

有袋类向来不以聪明著称，其脑容量通常比同体型的旧大陆兽类要小不少，袋貘也不例外。在袋貘赖以为生的澳洲林地中，树种以桉树为主，而桉树叶不仅营养价值低，还含有多种对哺乳类有毒的化学成分。今天以桉树叶为食的树袋熊，不仅憨头憨脑，而且每天要睡18~20个小时，才能消化掉桉树叶。所幸袋貘不能爬树，只能取食低矮处的桉树叶，所以它们食物中相当部分是各类灌木，桉树叶所占比重不多，不然真要笨死了。

由于个子大，巨爪有一定的自卫功能，成年袋貘不会成为袋狮、古巨蜥等史前澳洲掠食者的首选目标。另外袋貘还可能采取深居简出、甚至昼伏夜出的生活方式，这样可以减少被发现的概率。

爪兽的"长寿之道"

袋貘是食叶动物的另一个证据：迄今所有的袋貘化石点都位于澳大利亚北部和东部离海岸不太远的地区，这一带在冰河时代气候比较湿润、温和，部分地区树木繁茂，河湖较多。而在干旱的澳洲内陆，就完全没有袋貘的踪影。

因为有依赖树林、水源的习性，身体笨重的袋貘在分布上受到了很大限制，在当时或许就是一类比较稀少的动物，过着孤独的隐居生活。即便如此，仅仅袋貘一个属就在地球上延续了近600万年，这还不包括它的祖先和近亲们。如此长寿的袋貘很像非常"另类"的一类史前哺乳动物，它们就是身为有蹄类、却脚上长爪的爪兽。爪兽类与袋貘相似，也是以树叶为主食、行动迟缓、数量不多，但是这群家伙却足足生存了长达2000多万年之久。尽管生存时间长，但是这期间爪兽的外表变化不大，在一个稳定的"边缘生态位"中自得其乐。史前澳洲的生存竞争相对温和，袋貘看来也是这种策略的受益者。

袋貘的牙齿适合研磨树叶，这使得它们在澳洲只能占据边缘的生态位。

画中的袋貘

作为冰河时代澳洲大型动物群的一员，袋貘的灭绝也被认为与距今4万多年前来到这片大陆的史前人类有关。只是由于化石太少，直接证据不足。在澳洲北部著名的卡卡杜国家公园中，研究人员发现了一幅史前岩画，描绘着一大一小两只尖脑袋、四足行走、身披长毛的动物。除了一头带着幼仔的袋貘，冰河时代末期的澳洲没有什么动物符合这种形象了。

然而，袋貘毕竟与今天的哺乳类差别太大，史前澳洲岩画的画风又格外简单、抽象，因此很难做出结论。袋貘这种更新世怪兽，还隐藏着许多秘密等着人们去发现。

卡卡杜国家公园里有着丰富的丛林、湿地，不仅是澳洲原住民和许多珍稀动植物的家园，在冰河时代也曾游荡着袋貘等巨兽。

巨型短面袋鼠

　　大雨过后，澳大利亚东部的平原上郁郁葱葱，一小群巨型短面袋鼠正在草丛中休息。与今天的袋鼠相比，巨型短面袋鼠要大得多，它们的脸很短，身体却非常强壮。一只幼年袋鼠正在妈妈身底下喝奶，曾经的育儿袋已经无法容纳它不断长大的身体，用不了多久它就会像妈妈一样高大健壮，成为平原上最有力的跳跃者。

档案：巨型短面袋鼠

拉丁学名：*Procoptodon*，含义是"前面的牙齿"

科学分类：双门齿目，袋鼠科

身高体重：体长3米，高2米，体重230千克

体型特征：体型类似大袋鼠，脑袋短而高，身体强壮，脚上只有一个脚趾

生存时期：更新世（距今200万年前～1.8万年前）

发现地：澳大利亚

生活环境：半干旱草原

巨型短面袋鼠的发现

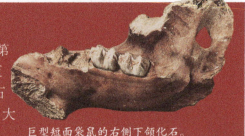

19世纪初，查尔斯·欧文成了揭开史前澳大利亚秘密的第一人。1845年，他根据一块右上颌骨碎片命名了大巨型短面袋鼠（*Procoptodon goliah*），后来在研究了更多的化石后，欧文于1873年建立了巨型短面袋鼠属（*Procoptodon*），大巨型短面袋鼠成为模式种。

巨型短面袋鼠的右侧下颌化石。

巨型短面袋鼠属于双门齿目，袋鼠科中的粗尾袋鼠亚科，曾经广泛分布在澳洲大陆西部和南部。巨型短面袋鼠出现于距今约180万年前的中更新世，在距今约1.8万年前更新世末期灭绝。巨型短面袋鼠的模式种——大巨型短面袋鼠是更新世时期最大的袋鼠，也是史上已知体型最大的袋鼠。

最大的袋鼠

今天最大的袋鼠是大赤袋鼠，其体长2.5～2.8米，站立时身高约1.5米，体重55～85千克。巨型短面袋鼠的体型要比它们大得多，其体长超过3米，身高2米，体重达到230千克。

与今天袋鼠的长脑袋不同，巨型短面袋鼠的头颅短而高，面部扁平，一双大眼睛形成了很好的立体视觉，看起来甚至有点像斗牛犬的脑袋。与较小的脑袋相比，巨型短面袋鼠的身体强壮，身后有一条长长的尾巴。巨型短面袋鼠的前肢有力，肩关节灵活，能像人一样高高抬起"手臂"抓取高处的枝叶；其前"手"有4指，中间两指较长，灵活的双手是便利的取食工具。为了驱动沉重的身体，巨型短面袋鼠的后肢非常强壮，每只脚上只有一个带有锋利爪子的脚趾。当它们站直身体去够高处的食物时，高度可以达到3米。

沃纳比化石中心里的巨型短面袋鼠复原模型，扁平的头脸非常有特色。

短面袋鼠家族

巨型短面袋鼠是由短鼻粗尾袋鼠（*Simosthenurus*）进化来的，两者大约在进入更新世后分开演化。最早的巨型短面袋鼠化石来自于新南威尔士州的麦宁迪湖，其他一些完整的化石发现于纳拉伯平原的洞穴中。现在在昆士兰州的达令草地和南澳大利亚州的墨累河流域也发现了巨型短面袋鼠的化石，在塔斯马尼亚岛上有疑似化石发现。巨型短面袋鼠曾经广泛分布于澳大利亚西南部、东南部的草原和平原上，而且是具有优势的物种。化石表明，当时巨型短面袋鼠的数量超过了大赤袋鼠。

天地杀机

作为更新世澳洲最常见的大型食草动物，巨型短面袋鼠也自然成了掠食者的主要猎物，危险就在它们身边。习惯生活在树上的袋狮是巨型短面袋鼠最大的威胁，这种大型有袋类猛兽总是隐藏在高处等待猎物的到来。当巨型短面袋鼠来到树下寻找食物时，袋狮就一跃而下用有力的前肢将猎物扑倒，然后用咬合力超强的嘴结果对方的

巨型短面袋鼠的完整化石，这具化石发现于纳拉伯平原的洞穴中。

性命。

不仅仅是在头顶上空，在巨型短面袋鼠脚下的地面也暗藏杀机，那就是冷血杀手古巨蜥。庞大的古巨蜥会躲藏在高高的草丛中，静待巨型短面袋鼠的到来。当巨型短面袋鼠来到附近觅食时，古巨蜥就会瞬间爆发，突然冲向猎物。

尽管巨型短面袋鼠面临着许多危险，不过凭借良好的适应力和灵活的跳跃能力，它们的家族依然兴盛。

素食"海盗"跑得快

在动画电影《冰河世纪4》中，出现了巨型短面袋鼠的形象，它就是海盗船上的枪炮官瑞兹。瑞兹可谓是高大威猛，身手不凡，它腹部的口袋不再用于育儿，而是装满了各种武器。在电影中，具有典型食肉动物双目结构的巨型短面袋鼠瑞兹被塑造成一个肉食者的形象，不过现实中的它们可是不折不扣的素食者。

在史前澳洲的平原上，巨型短面袋鼠站得高看得远，当感知到危险时，巨型短面袋鼠会跳跃着逃跑，粗壮有力的后腿赋予其强大的跳跃能力。根据身体结构测算，巨型短面袋鼠一步可以跳出6米远，全速跳跃时速度可达每小时65千米，袋狮、古巨蜥等想要追上它们真的是不太可能。

巨型短面袋鼠的灭绝

在更新世的中晚期，巨型短面袋鼠一直作为强势的物种存在，但是从距今5万年前开始，

树上的袋狮，它是巨型短面袋鼠的最大敌人。

它们突然衰落，并最终于距今1.8万年前全部灭绝。巨型短面袋鼠的灭绝可能是多方面原因综合作用的结果：首先是气候的变化，晚更新世时全球温度逐渐上升，澳大利亚的半干旱草原变成了荒漠，巨型短面袋鼠的栖息地缩小；其次是人类的影响，史前澳洲人类的大面积烧荒烧掉了许多巨型短面袋鼠赖以为生的食物，使得它们找不到足够的食物。

由于体型大、对林地环境比较依赖，巨型短面袋鼠失去了生存空间，而体型较小而且更适应草原荒漠生活的大赤袋鼠、大灰袋鼠却幸存了下来。在一些澳洲原住民的史前岩画上还有单趾的袋鼠足迹图案，看来人类确实曾经与这些巨型袋鼠相遇过。

动画电影《冰河世界4》中，巨型短面袋鼠作为配角也出过场。

巨型短面袋鼠在澳大利亚有相当的知名度，这是专门发行的纪念币。

巨鸟

　　高大的牛顿巨鸟站在被太阳晒得滚烫的沙地上，它能感觉到脚下沙子的不断升温。荒漠环境让牛顿巨鸟感到很不舒服，但是不远处是它们产卵的地方，即将生产的它必须待在这里。牛顿巨鸟昂起头环顾四周，这里虽然没有食物，但是也没有捕食者，至少它可以放心地四处游荡了。

档案：巨鸟

拉丁学名： *Genyornis*，含义是"巨大的鸟"

科学分类： 鸟纲，今鸟亚纲，雁形目，驰鸟科

身高体重： 身高 2~2.5 米，体重 220~250 千克

体型特征： 大型陆行鸟类，长有尖长的脑袋和坚硬的喙，前肢短，后肢长而健壮

生存时期： 更新世（距今 180 万年前~4 万年前）

发现地： 澳大利亚

生活环境： 平原

牛顿巨鸟的发现

19世纪末，一队旅行者来到南澳大利亚州的卡拉伯纳湖，在这里人们发现了一些大型鸟类的骨骼化石。后来这些化石被送到古生物学家斯特灵（Stirling）和齐茨（Zietz）手中，斯特灵等人研究后认为这些化石来

爱德华·查尔斯·斯特灵，巨鸟命名者之一。

自一种巨型的陆行鸟类，于是他们在1896年建立了巨鸟属（*Genyornis*）。巨鸟属内只有一个种：模式种牛顿巨鸟（*G. newtoni*），种名献给了英国著名科学家牛顿。由于牛顿巨鸟的名字朗朗上口，因此一般以这个模式种来称呼这个属。

巨鸟的化石主要见于澳大利亚西南部，它们出现于距今180万年前的早更新世，在距今约4万年前的晚更新世灭绝。巨鸟是澳洲曾经生存过的最大鸟类，它们与南美洲的其他驰鸟科有着很近的亲缘关系。

吃素？吃肉？

巨鸟常常被认为是一种体型高大、性格温和的食草动物，它们会在平原上寻找水果和坚果。巨鸟身体的一些细节也倾向于食草的习性：第一，巨鸟的嘴并不巨大，而且前段没有锋利的弯钩；第二，巨鸟的脚趾上没有锋利的爪子；第三，从巨鸟蛋壳的成分看，它们也可能食草。关于巨鸟的食性也有一些不同的看法，它们可能是杂食性的，偶尔会吃一些小动物，甚至是吃腐肉。巨鸟可能是一种杂食性动物，不过它们仍以植物为主要食物。

沙漠中的鸟蛋

除了卡拉伯纳湖，古生物学家在南澳大利亚州的盐溪、纳拉库特岩洞，新南威尔士州的惠灵

有趣的骨架陈列，一只古巨蜥正在追杀巨鸟，它们往往成为其他肉食动物的猎物。

顿岩洞等地也发现了巨鸟的化石。除了骨骼化石，古生物学家还发现了巨鸟蛋的化石，这些化石大部分是在沙漠中被找到的。从这些巨蛋的体积来看，其重量可达1.5千克，相当于鸸鹋蛋的两倍。蛋化石的发现为我们揭示了巨鸟的繁殖行为，它们会选择沙丘筑巢，并将蛋都集中在一起。巨鸟应该是尽职尽责的父母，它们会在巢穴旁守护自己的蛋。多汁美味的鸟蛋会引来不怀好意的偷蛋贼，研究人员在一些蛋壳上找到了袋獾或袋鼬留下的牙齿孔洞，看来这些小型有袋类动物非常会钻空子。

巨鸟的骨骼线图，可以看到只有一指的超小前肢。

在沙漠中发现的巨鸟的蛋化石，看样子已经非常破碎了。

人类曾经与巨鸟相遇，这是他们在北领地的岩壁上留下的绘画。

史前魔鸭

巨鸟属于驰鸟科（Dromornithidae），该科是鸟类中一个原始的家族，从渐新世就已经出现，直到更新世才全部灭绝。由于驰鸟科都是体型高大的陆行鸟，因此开始被归入鸵形目，后来才被归入雁形目——也就是说，它们是鸭子、大雁和天鹅的远房亲戚！驰鸟科内有5个属，全部发现于澳大利亚，该科中体型最小的成员类似今天的鹤鸵，体重80~95千克，而体型最大的史氏雷啸鸟（Dromornis stirtoni）生活在晚中新世，身高3米，体重近1吨。在整个驰鸟科家族中，知名度最高的还是巨鸟，它是最广为人知的澳洲史前大型鸟类。

未能与时俱进

作为最后的驰鸟科成员，巨鸟在距今5万年前灭绝，它的灭绝代表着驰鸟科的最终消失。科学家试图通过研究巨鸟蛋的化石，为我们揭开其灭绝的真正原因：他们分析了1500个蛋壳碎片，结果发现在距今5万年前，巨鸟和鸸鹋都以营养丰富的草类为食；但是到了距今4.5万年前，鸸鹋的食物变成了半沙漠性植被，而巨鸟的食性却没有改变。在这之后不久，巨鸟就灭绝了。

正在鸸鹋改变食性的时期，人类来到了澳洲大陆，他们使用火进行烧荒，改变了澳大利亚的地表植被，原来的草地变成了半沙漠性植被。也许正是食物的突然减少导致了巨鸟的灭绝，而它的灭绝又导致了以其为食的大型食肉动物的灭绝。包括巨鸟在内的澳洲大型动物的灭绝也许并不是因为人类的直接猎杀，而是死于人类活动带来的环境变化。

雷啸鸟的骨架，它是驰鸟科中最大的成员。

恐鸟

海浪不停地拍打着新西兰南岛的海岸线，带着咸味的阵阵海风越过沙滩吹向内陆，吹在两只高大的恐鸟身上，不过身上长满羽毛的它们并不觉得冷。这两只恐鸟是一对夫妻，它们正在自己靠近海边的领地中觅食，植物果实是它们的最爱。稍显迟缓的动作显示雌性恐鸟很快就要产蛋了，它必须要找个合适的地方。一旁的雄性恐鸟看上去有点兴奋，它将守护在妻子的身边，等待新生命的诞生。

档案：恐鸟

拉丁学名：*Dinornis*，含义是"令人恐惧的鸟"

科学分类：古颚总目，恐鸟目，恐鸟科

身高体重：身高3米，体重250千克

体型特征：外形类似鸸鹋，具有小脑袋、长脖子，身体肥大，后肢粗壮

生存时期：更新世至近代（？—公元1500年）

发现地：新西兰

生活环境：山地森林

恐鸟的发现

1839 年，一位对自然历史感兴趣的商人约翰·W·哈里斯（John W. Harris）在新西兰得到了一块不同寻常的长约 15 厘米的骨头。后来哈里斯将骨头拿给自己做外科医生的叔叔约翰·儒勒（John Rule），而儒勒又将化石交给正在伦敦皇家外科医生协会的亨特里恩博物馆工作的理查德·欧文。经过数年研究，欧文确认骨头来自一种大型陆生鸟类，他在 1843 年命名了恐鸟（Dinornis）。在恐鸟被命名之初，很多人嘲笑欧文关于这种巨型鸟类的观点，不过后来更多的发现证明欧文是正确的。

恐鸟属于鸟类中的古颚总目，恐鸟目，恐鸟科，其生存范围仅仅包括今天大洋洲的新西兰，其中又以南岛最为集中。目前我们还无法确定恐鸟出现的确切年代，它们可能出现于更新世，到 1500 年后才全部灭绝。

恐鸟蛋复原，一次只产一枚蛋限制了恐鸟的繁衍，在环境稳定的时期有助于保持生态平衡。

新西兰恐鸟

恐鸟看上去就像是放大版的鸸鹋，但其身材要比鸸鹋粗壮很多。目前发现的最大的恐鸟化石个体身高约 3.6 米，体重估计在 280 千克左右，是鸟类中已知的第一高度。

恐鸟的脑袋尖长，眼睛大，视力发达；脖子细长，具有天鹅一样弯曲向上的姿态。它们身体肥大，翅膀很短，后肢则非常粗壮，脚上有 3 个粗大的趾头。由于身体沉重，恐鸟的奔跑能力比较有限，不能像鸵鸟那样长距离高速奔跑。除了头和脚，恐鸟浑身覆盖着一层褐色的羽毛，腹部的羽色则偏黄。

尽管身材巨大，恐鸟却是不折不扣的素食者，主要吃植物的叶、种子和果实，在它们的砂囊里有重达 3 千克的石粒，帮助磨碎难以消化的食物。

一夫一妻　独生子女

由于史前新西兰的生存空间有限，较少开阔的平原，恐鸟不会像鸵鸟、鸸鹋一样结成大群，而是采取"一夫一妻"制，它们会终生生活在一起，直到其中一方死去。有意思的是，雌性恐鸟的体型比雄性大很多，身高要高出 50%，体重要重出 180%，因此古生物学家一度把它们当成了两种不同的动物。

体型庞大的恐鸟需要大量的食物维持生存，所以每对恐鸟都有着大片的领地，也应该有很强的领地意识。资源有限又缺乏天敌，让恐鸟不需要很高的繁殖力，它们每次只产一枚蛋，蛋长 25 厘米，宽 18 厘米，体积相当于 100 多个鸡蛋。与大部分鸟类不同，恐鸟不会营造巢穴，它们只是将蛋产在地面上然后加以照顾。

恐鸟大家族

我们今天经常将恐鸟和恐鸟科（Dinornithidae）相混淆，恐鸟科是曾经生活在新西兰的大型地栖鸟类的总称，目前该科内共包括 6 个属：恐鸟、丛林恐鸟（Anomalopteryx）、海岸恐鸟（Euryapteryx）、高地恐

欧文与恐鸟骨骼化石在一起，他曾因为对这种动物的描述而遭到嘲笑。

今天展出的恐鸟模型，其体型真的是非常高大。

鸟（*Megalapteryx*）、东部恐鸟（*Emeus*）、巨足恐鸟（*Pachyornis*）。恐鸟属内包括两个种：粗壮恐鸟（*D. robustus*）和纽西兰恐鸟（*D. novaezelandiae*），其中粗壮恐鸟生存于新西兰南岛，纽西兰恐鸟生存于新西兰北岛。恐鸟科并不都是大家伙，其中最大的便是本文介绍的恐鸟，最小的丛林恐鸟，其身高约1.3米，体重约30千克。

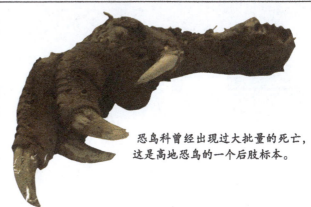

恐鸟科曾经出现过大批量的死亡，这是高地恐鸟的一个后肢标本。

大块头的衰落

　　一直以来，恐鸟的灭绝都被归咎于人类猎杀。事实上，早在人类到达新西兰之前，恐鸟就已经衰落了。新西兰坎特伯雷大学的生物学家尼尔·吉梅尔领导的生物学家小组在对大量数据进行分析之后指出：距今6000~1000年前，恐鸟科动物的数量为1200万~300万只，但到了距今800年前，其数量迅速下降到约16万只。也就是说，在人类到来之前，恐鸟的数量就已经大不如前了。科学家认为恐鸟曾经遭到过疾病的沉重打击，但是恐鸟还是坚持渡过了难关，正在它们开始恢复的时候，人类来了。

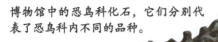

博物馆中的恐鸟科化石，它们分别代表了恐鸟科内不同的品种。

恐鸟的灭绝

　　距今700年前，毛利人的祖先波利尼西亚人划着小船从中太平洋来到了新西兰，在这块奇异的大陆上，他们第一次见到了高大无比的恐鸟。起初，人类被恐鸟巨大的身材吓坏了，以为对方是凶猛的怪兽，于是敬而远之。随着时间的推移，人类逐渐明白恐鸟是温和的素食者，于是他们开始大量捕杀这种肉味鲜美、行动笨拙又缺乏反抗能力的动物。在人类无情的猎杀下，恐鸟的数量越来越少，它们在1500年左右宣告灭绝。

　　后来，欧洲人来到了新西兰，他们从毛利人那里听到有关恐鸟的描述，但是却没能亲眼目睹这种动物。也许有恐鸟在新西兰偏远的原始森林中又生存了一段时间，但是却难逃死亡的命运。恐鸟的灭绝是生态系统的灾难，它的消失导致了以其为食的哈斯特鹰灭绝，这些新西兰的巨大鸟类从此只剩下化石和传说。

人类的猎杀是导致恐鸟灭绝的直接原因，我们熟知的渡渡鸟也遭遇了同样的命运。

第四部分
非洲大陆

前传：长高的大陆

在今天的地球上，非洲是热带面积最大的一个洲，它与亚欧大陆藕断丝连，保持着半独立的状态。在历史上，非洲和南美洲、澳洲、南极洲以及阿拉伯半岛和印度半岛同属于南方大陆（冈瓦纳古陆）的一部分。后来，非洲一步步漂移到了今天的位置，大部分面积都位于南北回归线之间。

非洲是除南极洲外平均海拔最高的一个大洲。虽然没有青藏高原、安第斯高原那样的"生命禁区"，但非洲几乎一半陆地的海拔都超过 1000 米，东非草原的平均海拔超过 1500 米，说是"东非高原"也不过分。北非、南非地区的山脉比较古老，而非洲东部的山脉和高地大多是距今不到 1000 万年才由于地壳运动、火山喷发形成的"青年"。一系列的造山运动也产生了非洲大陆最宏伟的自然奇观：全长超过 6000 千米、从阿拉伯半岛直到莫桑比克的东非大裂谷。

非洲东部陆地平均每年只升高零点几毫米，放到数百万年的地质时期里，就升高了上千米！这种抬升的速度并不恒定，距今 350 万年前 ~250 万年前，埃塞俄比亚和东非地区的抬升速度最快。海拔的升高与这一时期全球气候转向变干、变冷的趋势结合，对非洲的动植物演化产生了深远影响。

非洲草原诞生

提起非洲的野生动植物，或许很多读者首先就会想起自然纪录片里的开阔稀树草原（音译"萨瓦纳"），以及生活在那里的斑马、牛羚、长颈鹿和狮子等明星动物。然而，这种典型的"最炫非洲风"景观在非洲其实是在最近几百万年才出现的。

从距今1500万年前的中中新世开始，非洲大陆开始变得干旱，原本一望无际的热带雨林逐渐被落叶林、灌木丛和草地交相混杂的环境取代。在此之后，草进林退成了非洲大部地区植被变化的主旋律，到距今约500万年前~270万年前，已基本形成了类似今天的大片稀树草原，北非的撒哈拉沙漠也逐渐形成，只有西非、中非赤道两侧低地还有大片热带雨林。

一步步搭起的开阔草原舞台，让奔跑迅速灵活、能吃草能耐旱的有蹄类成为非洲大中型动物群的主流，牛羊类、马类就是其中翘楚。与此相应，草原上的食肉动物也变成了善于奔跑的猫科、鬣狗科成员，甚至连灵长类也开始向草原进军。从距今500多万年前的上新世起，狒狒类迅速做大；此外还有一支古猿转向双足行走，开始了独特的演化历程——造就了今天我们智人的"人类动物园"逐渐拉开序幕。

在非洲草原的边缘，山地保留了大片的热带雨林，早期古猿的另一支演化成了山地大猩猩和其他类人猿。

冰河时代换演员

更新世时期，位于热带的非洲并无冰川威胁，但也无可避免地受到了冰期水汽减少、海平面下降的影响——非洲的气候进一步变干，食物匮乏的干旱季节时常出现。从距今270万年前开始的上新世—更新世交替时期，非洲动物接受了一次缓慢而残酷的"大洗牌"。

恐象类、爪兽类、硕背猪类等偏好林地生活的动物苦苦支撑了很长时间，但还是无可奈何渐渐消失；三趾马类也渐渐被来到非洲的新面孔、更适应开阔草原的真马类所取代。虽然仍有长颈鹿、非洲象和黑犀牛等大型食叶动物存在，但它们在冰河时代处在较为边缘的位置，而非洲水牛、佩罗牛、各种马羚、狷羚、薮羚、瞪羚等，以及真马类、荒漠疣猪和庞大的瑞氏古菱齿象、湿地中的河马，组成了草原上的常见食草动物群。

相比之下，非洲食肉动物的变化甚至更为显著，锯齿虎、恐猫和巨颏虎这3个剑齿虎分支在距今100多万年前的早更新世全部消失，此外还有硕大笨重的硕鬣狗。大型食肉动物的灭绝让非洲大中型猛兽之间的竞争减弱了许多，狮子、斑鬣狗、花豹、猎豹和非洲野犬等现代非洲的"猛兽五巨头"在中更新世基本已经确定。除了适应性极强的花豹，其他几种食肉动物都是擅长在开阔草原奔跑的类型。

冰河时代同样也是人类演化、产生智慧的关

东非塞伦盖蒂大草原上，牛羚、斑马等食草动物每年上映的迁徙剧目，是近几百万年来逐渐形成的。

坦桑尼亚的奥杜威峡谷，20 世纪以来研究者们在此发现了许多史前人类化石，逐步揭开了人类起源的秘密。

依然有世界上最大的大型动物群，这里成为极富魅力的野生动物栖息地。

即便如此，非洲大型动物的未来却并不乐观。从 1900 年至今，非洲人口从 1.3 亿增长到 10 亿以上，激增的人口需要更多的耕地和工业品；非洲大陆埋藏的丰富石油、矿产正在吸引越来越多的国际企业巨头，再加上野生动物走私、流行疾病和全球气候变化的影响，非洲象、黑犀牛、大猩猩、狮子、猎豹、非洲野犬等明星物种纷纷陷入濒危……作为它们曾经的伙伴，人类应当有义务拯救它们，留住这块古老大陆的勃勃生机。

键时期，最早的人属成员就出现在距今约 200 万年前的非洲。在这个气候多变、猛兽环伺的野生竞技场里，弱小的原始人类逐渐磨砺着自己的体力、智力，而智力的提升又大大加快了演化速度。距今约 20 万年前，现代智人——也就是我们这个物种，终于脱颖而出，并走出非洲、占领世界。最终，人类成为世界上数量最多的大型哺乳动物。

最后的巨兽天堂？

与其他大陆相比，非洲的大型动物灭绝事件发生的时间较早、速度较慢，在冰河时代初期的 100 万年里，剩下的动物群就已经与今天相差无几。由于非洲的大型动物和人类长期共存，早更新世的原始人类捕猎能力又很低，因此一般认为，它们的灭绝主要是环境变化所致。距今 1 万年前的冰河时代末期，只有西瓦兽、古非洲水牛和伟羚（*Megalotragus*）等少数几种大型动物灭绝。

距今 6000 年前，占据非洲 1/4 面积的撒哈拉地区再度向沙漠转化，与非洲的气候、疾病一起阻碍着外来民族进入非洲腹地。在撒哈拉以南的非洲，尽管非洲人也曾建立过自己的文明，又有数百年来西方殖民者在此大肆掠夺、滥捕滥杀，但直到 21 世纪初，在东非、南非的开阔草原上，

狮子是今天唯一过着群居生活的猫科动物，它们的祖先在非洲产生、演化，比古老的剑齿虎类更加适应多变的环境，最终取而代之。

黑犀出现在 1000 多万年前的中新世，曾分布在非洲、亚洲许多地区，非洲东南部是它们的最后堡垒。由于人类猎杀和栖息地丧失，近半个世纪以来其数量从 20 万头锐减到 5000 头。

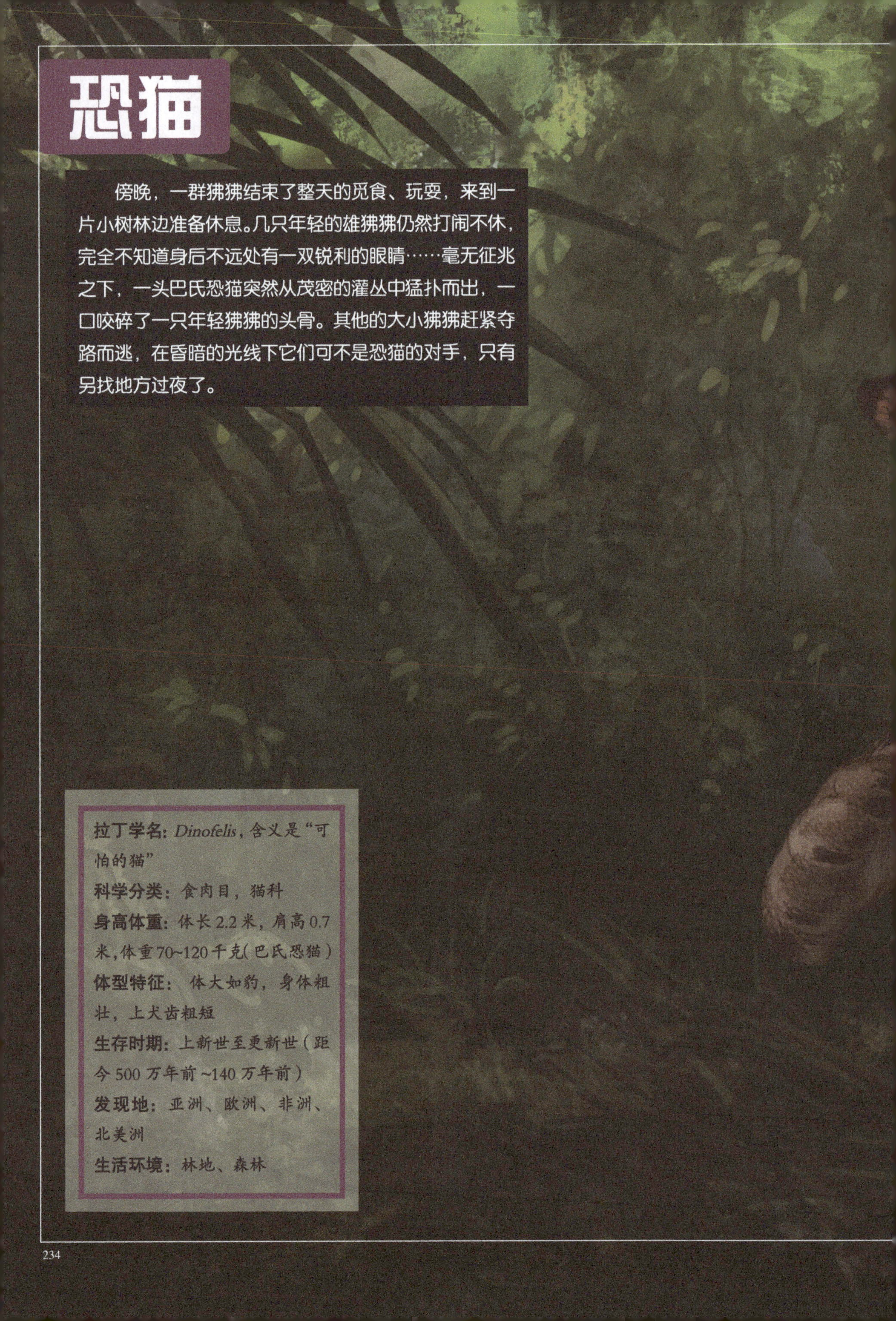

恐猫

傍晚，一群狒狒结束了整天的觅食、玩耍，来到一片小树林边准备休息。几只年轻的雄狒狒仍然打闹不休，完全不知道身后不远处有一双锐利的眼睛……毫无征兆之下，一头巴氏恐猫突然从茂密的灌丛中猛扑而出，一口咬碎了一只年轻狒狒的头骨。其他的大小狒狒赶紧夺路而逃，在昏暗的光线下它们可不是恐猫的对手，只有另找地方过夜了。

拉丁学名：*Dinofelis*，含义是"可怕的猫"

科学分类：食肉目，猫科

身高体重：体长2.2米，肩高0.7米，体重70~120千克（巴氏恐猫）

体型特征：体大如豹，身体粗壮，上犬齿粗短

生存时期：上新世至更新世（距今500万年前~140万年前）

发现地：亚洲、欧洲、非洲、北美洲

生活环境：林地、森林

"假"剑齿虎

1924年，奥裔瑞典学者奥托·师丹斯基（Otto Zdansky）结束在中国的考察后，给一些史前猫科食肉兽的化石起了"恐猫"（*Dinofelis*）这个名字。虽然名字里带"猫"，但恐猫并不是猫，而属于猫科中的剑齿虎亚科。

与其他类型的剑齿虎相比，恐猫并不算特别强壮，但同样也是一副"搏击型"身材，骨骼粗重，前腿长而有力，后腿则相对纤细，肌肉发达而不善奔跑。生活在冰河时代之前的一些恐猫，如亚洲的阿贝力恐猫（*D. abeli*）、冠恐猫（*D. cristata*）几乎和狮虎一样大；而更新世非洲的巴氏恐猫（*D. barlowi*）以及年代最晚的皮氏恐猫（*D. piveteaui*）大约只有花豹或美洲豹那么大，它们更加矮壮敦实，体重可能接近或超过100千克。大多数复原认为，恐猫的皮毛应该和今天非洲草原上的花豹、猎豹差不多，是黄底嵌着黑色斑点。

恐猫最明显的特征，是它们的"剑齿"也就是上犬齿不像其他剑齿虎那样细长侧扁，而是直而粗短、接近圆锥形。相对身体比例而言，恐猫的上犬齿比现代狮虎稍长一点、扁平一些，下犬齿也不像其他剑齿虎那样明显缩小。正是因为这个特征，也有人称恐猫为"假剑齿虎"。

似是而非的豹

恐猫的化石大约出现在距今500万年前的上新世，其祖先可能是中新世的中型猫科动物——后猫（*Metailurus*）。在几乎整个上新世时期，恐猫在非洲、亚欧大陆和北美洲都有分布，尤其在发源地非洲最为繁盛。自从剑齿虎（*Machairodus*）、犬熊（*Amphicyon*）和一些大型鬣狗类灭绝后，恐猫可能在许多地区占据了顶级掠食者的地位，但其在非洲之外的化石并不多。

恐猫的头骨化石与今天的花豹、美洲豹区别不大，只是略显厚重、上犬齿略长。

从身体结构来看，恐猫堪称最像现代豹属大猫的一类剑齿虎。它们的习性可能接近花豹和美洲豹，也有爬树的本事，或许称其为"恐豹"更合适。相比今天大猫中最偏重爆发力的美洲豹，恐猫同样擅长伏击时突然猛扑，其身体甚至还更强壮一些。

人类童年的梦魇？

在南非的斯特克方丹、德里莫伦等一些洞穴化石点中，研究者们曾发现过食肉兽吃剩的骨骸化石，其中有些是大中型的羚羊，有些是狒狒、南方古猿的遗骸，一些头骨上甚至还留有被犬齿咬出的凹坑。与这些化石一同被发现的就有恐猫的化石。

研究者认为，比起当时非洲的另外两类剑齿虎——大型的锯齿虎和剑齿细长的巨颏虎，恐猫应该最适合捕食灵长类动物。它们擅长在灵长类出没的林地中伏击，犬齿又粗短坚固，能像花豹一样咬开灵长类动物的颈部和头骨而不易断裂。

当时的南方古猿（非洲的早期人类）及其近亲傍人，身高不过1.4米左右，虽比现代人骨骼粗壮些，但既缺少狒狒的大犬齿，又不会打造石器保护自己，在恐猫面前没

BBC《与古兽同行》中的恐猫。虽然外表像豹，但粗壮的身躯和短短的尾巴，出卖了它们的真实身份。

BBC科普影片《与古兽同行》中，恐猫被描写为南方古猿的生死冤家，也是南方古猿最危险的天敌。

在南非著名的斯特克方丹古人类遗址，摆放着恐猫的复原模型，可能我们的老祖宗当年曾生活在它们的阴影下。

有多少还手之力。直到进入更新世后，能人、匠人、直立人等早期的人属成员，可能仍是恐猫的捕猎目标。

食草兽的梦魇？

恐猫吃人，并非所有学者都同意这种观点。根据对南方古猿化石、同时期南非食肉兽化石的稳定性碳同位素C13含量进行比较，研究者们认为最可能猎杀南方古猿的猛兽依次是花豹、鬣狗和巨颌虎，而恐猫竟然不在其中。对恐猫的测试表明，它们应该与现代非洲狮一样，是以食草动物为主食的。

实际上，既然今天的非洲花豹、美洲豹都可以猎杀比自己还重的羚羊或牛犊，恐猫应该也有能力捕获当时非洲灌木丛和林地中的猪类、马类、羚羊类，甚至幼年野牛和长颈鹿等。

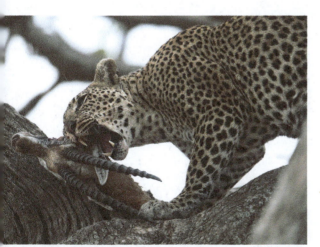

今天的非洲花豹以猎物多样而著称，不过中小型羚羊仍是它们的主要目标，而且花豹一般会把羚羊尸体拖上树，以免被狮群、鬣狗群抢走。

当然由于化石材料的局限性，仍然无法完全排除恐猫猎杀史前人类的可能，只不过人肉（南猿肉）并非其主要食物，或者只有少数恐猫有食人偏好。

在夹击下覆亡

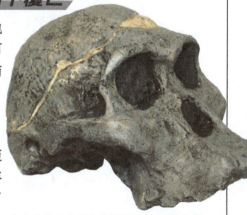

南方古猿（本图）甚至早期的人属成员，都很难与恐猫抗衡。

随着地球进入冰河时代，恐猫也开始逐渐衰落，分布范围逐渐退缩，大约距今150万年前~140万年前，这种史前大猫最终销声匿迹。在恐猫灭绝的时候，原始人类还很弱小，因此它们的灭绝与人类关系不大。

上新世与更新世交替时期，全球气候变冷导致非洲、南亚这些热带地区也变得干旱，林地越来越稀疏少见，开阔的草原甚至半荒漠成了常见自然景观。生态环境的变化让适应密林生活的大中型食草动物减少、消亡，恐猫也难以隐蔽自己的行踪。它们既难以通过伏击捕到猎物，又不能把猎物拖到树上悄悄吃掉，而且还经常受到锯齿虎、狮子、鬣狗等群居猛兽的威胁。与后起之秀花豹相比，恐猫过于依赖大中型猎物，在适应性上逊色不少。在种种不利条件的挤压下，恐猫终于将自己的生态位拱手让给了花豹。

巨型马岛灵猫

　　马达加斯加岛幽暗的森林中，茂密的树枝遮住了阳光。在一根粗大的树枝上，一只巨型马岛灵猫正在寻找猎物，它的那双大眼睛发出绿莹莹的光。巨型马岛灵猫前方的树枝突然晃动了几下，五只狐猴出现在了不远处。狐猴并没有发现近在咫尺的巨型马岛灵猫，依然无忧无虑、吵闹不停。此时的巨型马岛灵猫已经锁定了目标，它用脚掌上的爪子抓住树干，悄悄地向狐猴靠近，一场树冠上的猎杀马上就要开始了。

档案：巨型马岛灵猫

拉丁学名：*Cryptoprocta spelea*，含义是"洞穴中的马岛灵猫"

科学分类：食肉目，食蚁狸科，马岛灵猫属

身高体重：体长 2 米，体重 17~20 千克

体型特征：体型类似今天的马岛灵猫但更大，脑袋和身体较长，四肢短而有力

生存时期：更新世至全新世（?~近代）

发现地：马达加斯加岛

生活环境：森林、山地

巨型马岛灵猫的发现

1902 年，吉拉姆·格蓝迪里尔（Guillaume Grandidier）根据在马达斯加岛上两个洞穴中发现了两具半化石化的遗骸描述了马岛灵猫（*Cryptoprocta ferox*）的多样化个体，并称其为"spelea"。1935 年，动物学家珀蒂（Petit）在对比了化石与现生的马岛灵猫之后认为这些化石代表了一种新的物种，于是命名了巨型马岛灵猫（*C. spelea*）。

严格来说，巨型马岛灵猫并非真正的灵猫，而属于跟灵猫科相近的一类中小型食肉动物——食蚁狸科，是史前马达加斯加岛的独有物种。由于研究有限，我们目前不能确定巨型马岛灵猫是什么时候出现的，只能从现有材料推测它们大约在距今1000 年前灭绝。

马岛灵猫头骨（上）与巨型马岛灵猫（下）头骨对比，可见后者的体型大出不少。

狐猴曾经是巨型马岛灵猫的主要猎物。

巨型马岛灵猫的身躯像灵猫一样修长，但脑袋有点像猫科动物：头骨比较短圆，有强壮的下颌与发达的犬齿，而嘴巴向前凸出又与狗类似。它们的眼睛很大，不仅在正前方形成双目视觉，还应该具有出色的夜视能力。巨型马岛灵猫的脖子较长，身体圆滚滚的，四肢比较短粗但肌肉发达。尽管粗短的四肢不适合快速奔跑，但它们的脚掌可以 180° 反转，脚趾上还有锋利的爪子，显示出极强的攀爬能力。巨型马岛灵猫有一条细长的尾巴，有助于在树上保持平衡。

似狗像猫大灵猫

巨型马岛灵猫的外形与今天的马岛灵猫（又译隐肛狸、马岛獴）极为相似，只是体型更大，显得更"霸气"。成年的巨型马岛灵猫，算上尾巴全长超过 2 米，体重 17~20 千克，跟东南亚的云豹差不多。

动物园中的马岛灵猫，可以将其想象成一只具体而微的巨型马岛灵猫。

马达加斯加的恶魔

尽管无法与冰河时代的其他猛兽相提并论，但在马达加斯加岛上，巨型马岛灵猫却是不折不扣的顶级掠食者，各种狐猴、马岛猬和鸟类等都是它们的目标。虽然巨型马岛灵猫无法干掉近200 千克重的古大狐猴、马达加斯加河马、以及近半吨重的象鸟等大型动物，但也可能会偷袭其体型较小的幼崽。

巨型马岛灵猫还是"全能型"猎手，生活环境既包括马达加斯加岛沿海的森林，也曾游荡于内陆地区的山地。通常情况下，巨型马岛灵猫会凭借有力的四肢爬到树上猎捕狐猴，或者袭击地面上毫无防备的动物。在山地活动的巨型马岛灵猫会通过快速迅猛的袭击杀死猎物，不过它们也会根据地形进行伏击。根据现代马岛灵猫的习性推测，巨型马岛灵猫应该是独居动物，偶尔会成双成对呆在一起。当交配季节到来时，巨型马岛

像松鼠一样可爱的窄纹獴，它与巨型马岛灵猫同属于食蚁狸科。

灵猫会通过气味吸引对方，就像今天的马岛灵猫一样。

统治马岛的食蚁狸科

巨型马岛灵猫所属的食蚁狸科（Eupleridae），包含食蚁狸亚科（Euplerinae）和环尾獴亚科（Galidiinae），共有7个属，10个种。食蚁狸科是马达加斯加岛的原产动物类群，也是该岛仅有的陆生食肉目动物。通过进化与适应，食蚁狸科演化出了大、中、小各种类型的食肉动物，占据了不同的生态位。食蚁狸科最大的成员就是巨型马岛灵猫，而最小的成员如窄纹獴（*Mungotictis decemlineata*）体长仅有30厘米。根据DNA基因序列研究显示，食蚁狸科与亚欧大陆、非洲大陆的獴类有着很近的亲缘关系。食蚁狸科是典型在地理隔离状态下演化出来的类群，经过上千万年的演化，成为马达加斯加岛的统治者。

急需保护的亲兄弟

巨型马岛灵猫的亲兄弟马岛灵猫仍然生存在马达加斯加岛上，在马达加斯加岛的热带雨林中曾经生活着许多马岛灵猫，但由于人类对自然环境的肆意破坏，导致其栖息地面积不断减小。据不完全统计，20世纪中期以来马达加斯加岛上的森林面积比之前减少了90%，这使得马岛灵猫的食物短缺，许多马岛灵猫铤而走险去偷吃人类饲养的家禽，结果遭到人类的捕杀。目前生活在马达加斯加的马岛灵猫数量已经不足2500只，它被列入了"濒危级"动物名单。如果人类不加以保护，它们很可能像巨型马岛灵猫一样永远消失。

巨型马岛灵猫的灭绝

巨型马岛灵猫曾经与人类长期共存，当地人将大个头的巨型马岛灵猫称为"黑灵猫"，而将普通的马岛灵猫称为"红灵猫"。1658年，法国驻马达加斯加岛的总督弗拉古（Étienne de Flacourt）在他的游记中描述了一种居住在马达加斯加岛内陆、有能力捕食人类和小牛犊的像豹一样的食肉动物，这种动物或许就是巨型马岛灵猫。直到近代，民间一直都有关于巨型马岛灵猫的传闻。尽管一直以来都有目击巨型马岛灵猫的传闻，但是科学家确定这种动物已经灭绝了。今天对马岛灵猫的保护，或许就是对巨型马岛灵猫最好的祭奠。

今天的马岛灵猫，由于数量不断减少，它们急需保护。

很多人相信巨型马岛灵猫并没有灭绝，它们仍然躲在马达加斯加岛的森林深处。

奥氏狮尾狒

档案： 奥氏狮尾狒

拉丁学名： *Theropithecus oswaldi*，属名含义是"野兽猿猴"

科学分类： 灵长目，猴科，狮尾狒属

身高体重： 肩高约1米，体重60~100千克（雄性）

体型特征： 身披斗篷状的长毛，脸长而凹陷，犬齿发达

生存时期： 更新世（距今250万年前~100万年前）

发现地： 非洲、欧洲、南亚

生活环境： 草原、林地

　　清晨的东非草原上，几十只大猴子正忙着吃早餐。这些以草为食的奥氏狮尾狒不需要像羚羊、斑马一样低头啃，而是用灵活的手指一把又一把掐起草叶，飞快地往嘴里送。突然几声尖叫打破了狒狒群的宁静，原来是一头外来的雄狮尾狒大模大样地闯了进来，本群的雄性首领起身迎战。只见它鬃毛怒张，张开大嘴翻起嘴唇，露出白色的牙床和尖利的犬齿，吼叫着与对手比拼起了气势。

悬崖上的"狒狒"

在今天的"非洲屋脊"埃塞俄比亚和东非大裂谷的峭壁悬崖间，生活着一类名为"狮尾狒"的古怪猴子。它们看起来和非洲草原上的狒狒差不多，尤其是雄性披着"蓑衣"般的长毛，体重可达 20 千克，一张嘴就露出硕大的犬牙。仔细一看，你会发现它们的长相有些不同：面颊深深凹陷，吻部也不像其他狒狒的"狗嘴"那么突出。此外它们雌雄胸口都有一块红斑状的裸露皮肤，因此又名"红心狒狒"。实际上，它们和现存的各种狒狒都不同属，只是亲缘关系很近的另一种大猴子。

在海拔 1800~4400 米寒冷陡峭的崖壁和草甸上没有什么林木，留给狮尾狒的食物几乎只有一样——草。对消化道较短的灵长类来说，青草的营养不高，因此它们每天的大部分清醒时间就是坐在地上不停地拔草、吃草，甚至没工夫打闹嬉戏。在一处草场上，往往聚集多达 300~400 只狮尾狒仍能和睦相处，几乎是人类之外最大的灵长类群体。

狮尾狒的生活方式如此"另类"，起初很让科学家们惊异。到了 20 世纪，随着非洲古生物化石挖掘的展开，人们才渐渐知晓：原来这些遁世于高山深谷的狮尾狒们是一个曾经辉煌古老族群的遗民。

雄狮尾狒长得一副凶相，其实远没有其他狒狒那么暴力。

史上最大猴子

距今约 500 万年前的上新世，非洲东部愈发干旱，今天著名的东非大草原已初具规模。羚羊、长颈鹿和三趾马等有蹄类占据着草原，久居密林的猴类也开始分化，其中一部分进入开阔草原进行地面生活，这就是狒狒类。狮尾狒的祖先，就是其中最积极的一支。

前面提到的狮尾狒面容跟适应食草生活有很大关系：深陷的面颊，附着有强劲的咀嚼肌；颊

奥氏狮尾狒的体型适合地栖生活，四肢强壮有力。

狮尾狒的大部分生活，就是坐在地上拔草吃。

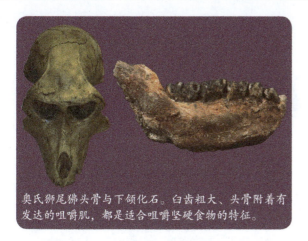

奥氏狮尾狒头骨与下颌化石。臼齿粗大、头骨附着有发达的咀嚼肌，都是适合咀嚼坚硬食物的特征。

现代狮尾狒栖息的埃塞俄比亚西缅（Saimen）山区。这里远不如非洲大草原温暖肥美，却是狮尾狒家族最后的家园。

骨、臼齿也非常坚固，适合啃咬粗糙的草叶，门牙却相对缩小了。至于雌雄都有的硕大犬齿，或许也是为了在猛兽众多的草原上自卫。

上新世时期，分布于埃塞俄比亚和肯尼亚的布氏狮尾狒（*T. brumpti*），就已初步具备了这些特征，其雄性体重可达 44 千克，几乎是现代狮尾狒的两倍！不过比起它们冰河时代的后辈——奥氏狮尾狒，就不算什么了。

奥氏狮尾狒出现在距今 200 多万年前的早更新世，雄性肩高可达 1 米，体重 60~100 千克，几乎和雌性大猩猩相仿，雌性至少要小一半。在有史以来的"真猴类"当中，它们是体型最大的物种。奥氏狮尾狒的身体结构几乎就是现代狮尾狒的大号版，它们已相当适应地面生活了。

行走时，奥氏狮尾狒主要用强壮的后肢支撑体重，前臂可以腾出来专心觅食，它们可能会像现代狮尾狒一样用灵巧的手指快速"收割"嫩草。

远征欧亚

化石分析显示，奥氏狮尾狒比今天的狮尾狒食性更杂，除了青草还会吃些果实、嫩叶、种子等食物，它们时常在林地中觅食。总体上看，它们还是比今天非洲草原上的黄狒、绿狒等更偏向食草。在上新世、更新世交替的时期，全球气候逐渐朝冰川期转化，草原面积扩大，或许就是促进狮尾狒体型增大的演化动力。

更新世的海平面下降、气候干旱让原始人类开始一波波"走出非洲"，有趣的是，狮尾狒也同时上演了"走出非洲"的戏码。在与北非隔着海峡的西班牙、意大利，甚至遥远的印度，都发现了奥氏狮尾狒的化石，年代至少有 120 万年之久。由于在这途中需要穿过荒漠、山地、林地和亚热带丛林等多种多样的栖息地，奥氏狮尾狒对环境必须有很强的适应力。

落败的竞争者

最令研究者们感兴趣的还是奥氏狮尾狒与原始人类的关系。即便对今天的非洲农民来说，一大群闯进田里大肆偷吃的狒狒（狮尾狒也干这事），仍然是个不好对付的麻烦。那么，手中只有木棒和石器的早期人属成员，能对付得了强壮的奥氏狮尾狒吗？

与奥氏狮尾狒共存的原始人类是身高仅 1.3 米的巧人（又译能人），它们只会打造原始石器，在奥氏狮尾狒面前恐怕占不到什么便宜。但更新世环境的变化无常，刺激着原始人类迅速演化，体力和智力都快速增强，它们学会了打造石斧、长矛，脑子里的"鬼主意"也越来越多。

相比之下，强壮的奥氏狮尾狒却"不进则退"，在与后来的匠人、直立人、早期智人竞争中渐渐落了下风，甚至沦为猎物。1981 年，考察者在肯尼亚发现了一个"大屠杀"现场，整整 90 只奥氏狮尾狒死于人类武器之下。最终，奥氏狮尾狒消失在了历史的长河中，只有它们的同属小兄弟——现代狮尾狒，在高山深谷之中幸存下来。

目前，狮尾狒已被列入国际濒危物种名录中，濒危状况得到了改善。在走出人类的东非大裂谷里，这些吃草的猴子们依然守望着每一个日出，无声地注解着昔日同族的威仪。

恐象

北非低地，一夜气温骤降。次日清晨，动物们惊奇地发现地面居然盖上了白色的雪。匆匆路过的一头博氏恐象也目睹了这般奇景，高大的身躯让它不像小型动物那般怕冷，但连日来一路都是草木干枯、满目萧瑟，粗糙的枯树皮嚼起来让它的一口老牙疼痛不已。沿着数十年来的迁徙路线，老恐象继续着自己的旅程，它不知道新一次冰期即将席卷地球，而恐象这个古老的家族也即将终结。

档案：恐象

拉丁学名：*Deinotherium*，含义是"可怕的野兽"

科学分类：长鼻目，恐象科

身高体重：肩高 3~3.5 米，体重 5~9 吨（粗壮恐象）

体型特征：体型高大，下颌有弯钩状象牙，象鼻较短

生存时期：晚中新世至更新世（距今 1100 万年前~100 万年前）

发现地：非洲、欧洲、南亚

生活环境：林地

古怪巨兽

在有史以来的数百种古象中，恐象是相当独特的一个。它们身躯高大，四肢粗如柱子，但很多地方都不像今天的大象：其头骨又窄又平，显示脑容量较小，是个头脑简单的"莽汉"；鼻腔较窄，操纵鼻子的肌肉群也不如现代大象发达，说明其鼻子很可能比较短，不那么灵活；最诡异的，还是它们上颌没有长牙，下门齿却向下后方伸长、弯曲，形成一对"下钩牙"。

以往认为，恐象可能是史上最大的象类之一，只比巨犀小些。根据残破化石复原，欧洲的超巨恐象（D. gigantissimum）一些大个体可能有5米高，14吨重！但近年来的研究，认为史上最大的恐象类，身高最多也只有4米出头。在非洲存活到更新世的粗壮恐象（D. bozasi），雄象肩高可达3米以上。由于体型瘦高，体腔窄，恐象比肩高相当的真象类要略轻些，跟几种大型的猛犸象、古菱齿象有显著差异。即便如此，恐象比起今天的非洲象、亚洲象，依然是大块头。

资深"非主流"

恐象虽形貌怪异，但却是延续时间最长的象类之一，它们与非洲象、亚洲象、猛犸象的亲缘关系非常远，自成一个"恐象亚目"，属于其中的恐象科。早在象类兴起不久的年代，恐象就走上了自己独特的演化道路。关于恐象和其他原始象类究竟何时开始分化，长期以来一直是个谜团。

2004年，"初级版"的恐象终于在埃塞俄比亚现身，这就是以发现地点命名的奇尔加象（Chilgatherium）。从仅有的臼齿化石上，它们已经具有了明显的恐象类特征。奇尔加象

巨恐象头骨，弯钩状的下门齿不同于其他任何象类。

BBC科普影片《与古兽同行》中的粗壮恐象，是最后的恐象类。

大约生活在距今2800万~2700万年前的晚渐新世，体型介于猪和半大河马之间。

到了距今约2000万年前，新出现的原恐象（Prodeinotherium）已经是肩高2~2.5米的中等个子了。原恐象主要分布于非洲大陆，稍晚一些进入了欧洲和亚洲。真正的恐象属，直到距今约1100万年前才出现，它们体型明显增大，身高腿长，足迹远至西欧、东欧和印度。

总体而言，恐象类基本可以视为是和其他象类平行演化的一支"非主流"。虽然在类似的生态环境中，恐象同样呈现了身体变大、鼻子变长等趋势，但在具体的身体构造上，恐象类的演化比较"保守"，与其他象族成员渐行渐远。

神秘下钩牙

恐象类的下钩牙在象类家族中堪称仅此一家，别无分店。不论是今天的非洲象、亚洲象，还是曾出现过的数百种其他古象，其伸出嘴外的长牙大都是上门齿或者上下门齿同时加长，惟独恐象上门齿缺失，下门齿却向后下方突出，如同一双倒挂的弯钩。

自从1836年在德国发现了恐象的完整头骨，科学家们长期以来对这对下钩牙的用途是众说纷纭。虽然这对下钩牙的长度可达1~1.5米，相当于一般的雄性亚洲象象牙，但与其身躯相比仍显偏小，而且在这个位置上很难用于自卫、求偶争斗。有观点认为，恐象会用下钩牙撕下树皮、树

布加勒斯特自然史博物馆里的巨恐象（*D. giganteum*）化石。它们是最著名的一种恐象，有些分类认为"超巨恐象"可能只是它们的大个体。

今天的非洲象经常会用象牙撕开树皮，像吃薯片一样将其卷起来吃掉。恐象的下钩牙可能也是用来做这种工作。

枝，或是从土中挖出树根和块茎，甚至是在喝水、睡觉时固定住身体……

森林漫游者

近些年来，通过分析恐象头骨、颈椎上的肌肉痕迹，研究者发现恐象类的头部可以大幅度上下摆动，比今天的大象更灵活。另外，今天大象口中只有4颗磨盘般的臼齿，分6批依次更换，而恐象的臼齿虽也有"替补"，但口中有20颗臼齿同时工作，白齿结构也比较简单，只有两个齿脊。再加上较短的鼻子、较小的体腔，这些都表明恐象主要以咀嚼好消化的树叶、枝条等为主食。这样看来，其下钩牙的作用就是配合短鼻子一起撕扯枝叶、树皮。人们曾多次观察到非洲象用象牙剥树皮，后弯的下钩牙要比前伸的长牙更适合做这个。

在恐象生存的大部分时期，地球气候比今天更加温暖、湿润，森林覆盖率很高，当时多数象类也是以吃树叶为主的。不过，恐象的体型适合在开阔地带长途跋涉，因此在干旱时节也可以迁徙到其他丛林。即便在恐象类生存的后期，非洲大草原基本形成的时候，它们也可能像长颈鹿一样，在草原里的小块林地间游移。

巨人的远去

与同时期的其他古象相比，恐象的化石不多，而且比较零散，这暗示它们占据的是较边缘的生态位，而且性情孤僻，很少结成大规模的象群。

随着气候变干、草原增大，更适应新环境的真象类渐渐兴起，而恐象则在上新世开始没落，距今约700万年前，它们开始从欧洲和印度消失。在非洲，粗壮恐象一直生存到距今100万年前的早更新世。化石证据表明，它们和早期人类曾生活在同一片土地上，不过在人类发展出能杀戮一切大型动物的智慧之前，这些长鼻怪物就彻底消失了。

虽然依赖林地生活，但在气候干旱时，恐象可以长途迁徙到远方觅食。

博物馆里的巴伐利亚原恐象（*P. bavaricum*）化石，它们和嵌齿象、轭齿象一样，是最早进入欧洲的史前象类之一。

钩爪兽

档案：钩爪兽

拉丁学名：*Ancylotherium*，含义是"有钩子的野兽"

科学分类：奇蹄目，爪兽科

身高体重：肩高 1.5～2 米，体重 500 千克以上

体型特征：头颈似马，前肢长于后肢，足上有钩状大爪

生存时期：晚中新世至早更新世（距今 900 万年前～180 万年前）

发现地：非洲、欧洲、亚洲

生活环境：温暖森林

泥泞的沼泽边，几头海氏钩爪兽正在喝水。虽然钩爪兽并不是群居动物，但这一带的钩爪兽彼此认识，偶尔在喝水时遇见也相安无事。突然一头雌兽警觉地回身张望，另外两头也迅速转身，只见两头锯齿虎正咆哮着慢慢逼近。钩爪兽们一边低吼一边挥舞前爪，摆开了防御阵势……

带爪的"怪马"

按照哺乳动物演化的一般规律，大、中型食草动物的脚上一般都长着蹄子，以便快速奔跑、躲避敌害，但是也有例外，这就是古老的"爪兽"一族（早期又译"沙犷"）。直到冰河时代早期，非洲还幸存着最后的一批爪兽——海氏钩爪兽（*A. hennigi*），我国陕西也出土过同一时期的钩爪兽零星化石。

钩爪兽属于奇蹄类中的爪兽科，裂爪兽亚科，从约900万年前的晚中新世一直延续到了180万年前的早更新世。它们的个头与马相仿，肩高1.7～2米，体重可能超过500千克，长长的脑袋和脖颈也有些像马。钩爪兽的身躯，完全不同于马的流线型体态：前肢细长，后肢短粗，使得背部向后倾斜；钩爪兽的前足4趾、后足3趾，每个趾头上都有钩子般的大爪子，钩爪兽也因此得名。

行走时，钩爪兽用脚掌着地，前脚爪会向上部分回缩，以减少磨损，不过其回缩结构和猫科动物完全不同。钩爪兽应该只能缓慢地步行，它们无法快速奔跑。

另类生活方式

钩爪兽长长的前肢和爪子曾被认为用于挖掘土中的植物根茎，但它们的牙齿却做不到：钩爪兽的门齿、犬齿都已经退化，臼齿和前臼齿也结构原始，属于不耐磨损的低齿冠丘形齿，这不适合取食坚韧粗糙、夹带大量泥土的根茎，倒完全

今天非洲的长颈羚，像长颈鹿一样加长了四肢和脖颈，同时又经常以直立姿态进食，以吃到比较高处的枝叶。相比之下，爪兽类采取了另一种策略。

符合食叶动物的特征。因此它们前肢的主要作用，是用来撕扯柔嫩的枝叶、果实。进食时，钩爪兽可能会用短而强壮的后肢支撑身体直立，长长的前臂则扶在树干上保持平衡。有时它们会用前爪搂取一捧枝叶送到嘴边，再"蹲坐"下来慢慢享用。

在19世纪中期，人们最早发现爪兽类化石的时候，还想不到这些爪子、肢骨和具备奇蹄类特征的头骨属于一类动物，学者以为这是被水冲到一起的不同动物的骨骼。直到1891年，法国学者费罗尔（Filhol）在法国的桑桑盆地发现了一种脚上有爪，牙齿、骨骼却带有奇蹄类特征的动物骨骼化石，才证实在史前奇蹄类中曾经有过这样一个独特类群。

古老的家世

过去认为，爪兽的亲缘关系和马类比较近。但在目前的分类中，它们已被单列为一个亚目——爪兽亚目，它们属于一个很早就走上自己独特演化道路的类群。

BBC科普影片《与古兽同行》中的海氏钩爪兽。

虽然和马、犀牛同属于奇蹄类，是"有蹄类食草动物"，但爪兽类的脚上却长着爪子而不是蹄。

爪兽亚科中的大爪兽（*Chalicotherium*）复原模型，它们比钩爪兽更像大猩猩一些，前脚用趾关节支撑重量。

钩爪兽等一些爪兽，头骨粗壮结实，可能雄性在求偶期间会相互用头顶撞，同时也可以作为自卫武器。爪兽生活的林地环境，也利于自身的隐蔽，并限制了群居猛兽的活动。不过，由于爪兽跟今天生活的有蹄类差别太大，化石又少，因此它们的很多习性依然难于推测。

未成年钩爪兽的头骨，可见其牙齿比较原始，只能吃比较柔软的树叶。

最早的爪兽出现在距今5400万年前早始新世的亚洲，其体型只有羊那么大，脚上仍然是蹄子。在气候温暖、森林茂盛的始新世、渐新世时期，爪兽迅速走上了专精食叶、身体大型化的道路。亚洲和北美洲的一些大型种类肩高可达3米，比骆驼还大。在晚渐新世，爪兽类已分成了两大类群——爪兽亚科和裂爪兽亚科。

爪兽亚科的身体结构最为特化，前肢和前脚特别细长，只剩下3个趾头。它们行走时可能像大猩猩一样，把前爪弯曲起来，用趾关节着地，因此主要生活在密林中。至于裂爪兽亚科，则具有相对比较"正常"的奇蹄类形态，它们的脖子较长，四肢都是用脚掌着地，行走更为方便，也更能适应较为开阔的林地、稀树草原环境。本文的主角钩爪兽，就是中新世时出现的一支裂爪兽类，在亚洲、欧洲和非洲多地都发现了它们的化石。

边缘生存者

生存时间如此之长、历史上种类如此之多的爪兽，却大都没留下多少化石，这可能是因为它们生存的湿润森林环境不适合化石形成，而且它们的数量可能从来就不多。研究者认为，爪兽可能是性情比较孤僻的动物，习性类似貘或犀牛，而不像马类那么爱合群。

尽管爪兽不善奔跑，但它们对捕食者来说也不好对付。爪兽能够灵活抓取枝叶的前臂、前爪，挥舞起来如同几把匕首，能够有效地吓阻猛兽；

消失在冰河时代

从距今500多万年前的上新世开始，地球气候加快变干变冷，爪兽类也走向没落。森林的减少，让它们的栖息地逐步缩减，而专为吃树叶优化的四肢结构又不适合长途迁徙寻找食物。逐渐地，爪兽类在和其他有蹄类动物的竞争中处于劣势。

即便如此，作为历史悠久的"演化兵油子"，爪兽类依然顽强地延续了很长时间。在趋于干旱的非洲，钩爪兽大约在距今180万年前最终灭绝；在中国除了钩爪兽，爪兽亚科的黄昏爪兽（*Hesperotherium*）、奈王爪兽（*Nestoritherium*）也差不多幸存到了这一时期，甚至更晚。尽管努力坚持，但是爪兽类的命运已经注定，随着中更新世开始冰期越来越剧烈，气候变化周期变短，这些最后的爪兽类也终于消亡。

裂爪兽类的身躯乍一看有些像马，但四肢结构与马截然不同，生活方式也差异极大。

佩罗牛

非洲南部的草原上，一头雄性佩罗牛摇晃着沉重的脑袋，正在巡视着领地。每到繁殖季节，雄牛都要集中到这片肥美的草场上，进行求偶竞争。这头强壮的雄牛刚刚赶走一个竞争者，发现不远处正有一头丰满的年轻雌牛盯着自己。雄性佩罗牛闻到了发情的气味，它趾高气扬地秀起肌肉，准备冲上去求爱……

档案：佩罗牛

拉丁学名：*Pelorovis*，含义是"惊人的羊"

科学分类：偶蹄目，牛科

身高体重：体长 3 米，肩高 1.55 米，体重 850 千克（奥杜威佩罗牛）

体型特征：四肢修长，头部拉长如马脸，长长的双角向下弯曲

生存时期：更新世（距今 250 万年前～80 万年前，古非洲水牛灭绝于 4000 年前）

发现地：非洲

生活环境：草原

是羊还是牛？

20世纪20年代，研究者在坦桑尼亚的奥杜威峡谷发现了一类奇怪的牛科动物。它们的块头与今天的非洲水牛相当，但四肢比一般牛类细长，头部也像牛羚、马羚等非洲羚羊一样"拉"成了长脸。更奇怪的是，它们的双角比一般野牛长得多，角型则有些像绵羊的角：先向下弯半个圈、再弯回来朝前伸出。研究者遂将其命名为奥杜威佩罗牛（羊）（*Pelorovis oldowayensis*），属名含义是"惊人的羊"。

直到20世纪中期，依然有些研究者认为佩罗牛属于羊类。年代较晚的另一种非洲牛类化石，也被归入佩罗牛属，这就是古佩罗牛（*P. antiquus*）。奇怪的是，这种高大粗壮的巨牛，同样有修长的四肢，可头部并没有特别拉长，夸张的双角则是朝两侧伸展——颇似今天的亚洲水牛。

近年研究表明，这两种佩罗牛都属于牛类而不是羊类，和亚洲水牛也关系不大，也并非同根同源。奥杜威佩罗牛及其近亲确实是一个独特的牛类分支，属于牛科、牛亚科、牛族中的佩罗牛属；而古佩罗牛的关系可能跟非洲水牛更加密切，甚至放进非洲水牛属更合适，应改名为古非洲水牛（*Syncerus antiquus*）。

惊人的长角

在野生动物纪录片里，非洲草原上的水牛群令人印象深刻。非洲水牛以性情凶暴闻名，不过它们的体型倒不是很大，成年雄牛一般重600~800千克。奥杜威佩罗牛的体型大致与非洲水牛相仿，古非洲水牛则要高大些，肩高可达1.65~1.8米，重达1.2吨。但最引人注目的，还是它们的长角。

牛科动物又称"洞角类"，它们的角分为骨

奥杜威佩罗牛（左）和古非洲水牛（古佩罗牛）的头骨和巨角，可见两者角型大不相同。

与佩罗牛和今天的非洲水牛相比，古非洲水牛更加高大、壮实，粗犷的模型尽显霸气。

质的"角心"和角质的"角鞘"，只有角心能保存为化石。在雄性古非洲水牛和奥杜威佩罗牛的头上，每只角的角心部分都有1米长。若加上角鞘，两角间的长度估计可达3~4米！雌牛的角要细小一些，但仍称得上巨角。

古非洲水牛的化石遍布北非、东非和南非，而年代较早的奥杜威佩罗牛及其疑似祖先——图尔卡纳佩罗牛（*P. turkanensis*）主要分布于东非。2005年，研究者在北非又发现了一种体型较小的霍氏佩罗牛（*P. howelli*）。

牛族新贵

今天的非洲堪称"牛科动物天堂"，除了非洲水牛，还有70多种大大小小的羚羊。而在食草动物演化史上，牛科动物是绝对的"新贵"，近几百万年来随着全球气候变干变冷、草原面积扩张才逐渐成为主流。

牛科当中，牛亚科、牛族成员也就是狭义的"牛"又是资历较浅的一支，它们在晚中新世才出现于亚洲，随后向非洲扩散。距今约250万年前的晚上新世，佩罗牛横空出世，它很可能是从

图为利基考察队在发掘佩罗牛化石。

中等体型的早期牛族——西玛牛（*Simatherium*）的后裔中演化出来的。有观点认为，今天家牛的祖先——牛属（*Bos*）动物，可能与佩罗牛关系密切。

牛头马面

生活在热带的佩罗牛与北方地区的野牛一样，享受着大块头的好处。牛类在朝大型化发展的道路上，依然保持了较强的奔跑能力。庞大的身躯不光有助于抵御猛兽、驱赶竞争对手，还能容纳更大的消化系统，从而充分吸收食物中的营养。至于牙齿，当然是坚硬耐磨的高冠齿了。

除古非洲水牛外，几种佩罗牛都是长长的"马脸"，拉长的面部有利啃食接近地面的低矮草类。它们身上的毛发应该也比较短而稀疏，近乎裸露。

今天非洲人驯养的瓦杜西牛（*Watusi*），一双巨角有点像佩罗牛，但仍是普通家牛的一支、原牛的后裔。

1.2 万年前，也就是更新世末期这个坎上。在北非撒哈拉沙漠和南非荒野中，在一些距今 4000 年前的原始石刻上，还有某种长角大型牛类的形象，很像是残存的古非洲水牛，但再往后就没有它们的半点痕迹了。

佩罗牛和古非洲水牛虽能适应干旱的草原，可冰期与间冰期之间气候变幻，时常导致灾难性的大旱年份。小群生活的佩罗牛和古非洲水牛，数量不如同时代的非洲水牛那么集中，种群一旦遭受重创容易被分割成"生存孤岛"，各个小种群之间互不相连，逐渐难以维持而导致灭绝。

不爱大家爱小家

今天的非洲水牛是狮子的重要猎物，为此它们常常集结成数百头、上千头的大群，以"密集队形"奔跑，或是紧挨着站在一起，如一堵墙般震慑狮群。但佩罗牛、古非洲水牛的双角实在太长，这让它们和同伴之间至少要保持 2 米的距离，难以形成紧密的群体。

实际上，这种夸张的双角对付猛兽并不好使，其作用应该是用于求偶时炫耀和争斗的。这点还意味着，如果它们的求偶竞争如此激烈，那么雄性之间很可能难以相处，成年雄牛甚至可能是独居的，雌牛之间也不会形成大群。

今天的非洲水牛常常结成大群共同迁徙、抵御猛兽，而佩罗牛和古非洲水牛可能不会形成这么大的群体。

迷雾般的消失

尽管佩罗牛、古非洲水牛曾煊赫一时，但在极端天气频发的更新世，它们并没有笑到最后。距今 80 万年前，一次新冰期的形成让奥杜威佩罗牛失去了踪影，而后兴起的古非洲水牛，最晚的化石也只停在了距今

惧河马

埃塞俄比亚高原的湖泊中，一大群惧河马懒散地泡在水里。只是有几头年长的母河马感觉到，最近来自上游瀑布的水好像有点增加……又是一日暴雨，洪水从上游滚滚而来，卷起了阵阵波浪，惧河马们纷纷吼叫着提醒同伴上岸暂避，不知轻重的幼崽们却欢快地玩起了水……这些洪水将要汇集到大河中流向远方，上演一年一度的尼罗河泛潮。

档案：惧河马

拉丁学名：*Hippopotamus gorgops*，含义是“蛇发女怪眼的河中之马”

科学分类：偶蹄目，河马科，河马属

身高体重：体长 3.5~4.3 米，肩高 1.5~1.8 米，体重 4.5 吨

体型特征：类似现代河马但体型较大，嘴更长，眼眶更突出

生存时期：更新世（距今 250 万年前 ~60 万年前）

发现地：非洲、欧洲、西亚

生活环境：河湖、沼泽

比河马更"河马"

提起河马的形象，读者想必都很熟悉了，它们是今天非洲代表性的大型动物之一。不过在数百万年前，非洲可不只有一种大型河马，也不是只在非洲才有河马。在史前河马中比较著名的一种，就是惧河马。

希腊神话中，英雄珀尔修斯斩杀蛇发女怪美杜莎的故事十分有名。不过美杜莎还有两个法力更高强的姐姐，三人合称"戈耳工"（Gorgon）。

惧河马又译"蛇发女怪河马"，名字来源于希腊神话中的蛇发女怪——能用目光把人变成石头的"戈耳工三姐妹"。用苗条的蛇发女怪给大胖子河马命名，是因为这种河马的眼眶位置特别高，几乎就像潜望镜一样突出头顶，活着时的样子或许就像蛇发女怪的魔眼一样吓人。惧河马的体型比现代河马大，体长超过3.5米，体重可达4~4.5吨，而现代河马极少能超过3吨重。

有意思的是，与现代河马相比，惧河马其实更有"河马范儿"，它们的身体结构更加适应水陆两栖生活。高高的眼窝让惧河马全身泡在水中时，比现代河马更容易把眼睛露出水面以观察四周。惧河马头骨、枕骨的结构让它们的上下颌能张开更大的角度，在争斗中可以更好的威慑对手，同时也更加"霸气"。

惧河马头骨，显示出比现代河马位置更高的眼窝。

水栖还是陆栖？

惧河马和现代河马一样，都是河马一族演化到相当后期的产物。河马科的祖先，可能是类似大猪的石炭兽类，而已知最早的河马化石——肯尼亚河马（Kenyapotamus），在距今约2000万年前的早中新世的非洲就已经出现。在此之后，河马类逐渐把其他石炭兽类排挤到灭绝，并分化为两大类型：偏向水栖的普通河马和偏向陆栖的六齿河马（Hexaprotodon）。

顾名思义，大多数六齿河马的上、下颌各有6颗门齿，这是比较原始的形态（普通河马类上下颌各有4颗门齿）。六齿河马的体型比现代河马小一些，脑袋较小，眼眶不突出，身躯和四肢更加"苗条"，这些特征都适合陆地活动。在距今200多万年前的晚上新世，非洲、南亚的气候愈加干旱，六齿河马不得不与大量耐旱的食草动物正面竞争，于是走向了没落。不过，今天西非雨林中的倭河马，被认为与六齿河马有比较近的亲缘关系。

相比于六齿河马的坎坷，水栖的普通河马类倒是顺风顺水，数百万年间没有遭受太大的打击。到了更新世，普通河马类加快开疆拓土，一度达到了自己的全盛时代。

冰河时代的河马

冰河时代的气候主旋律是低温与干旱，但北非、

今天的倭河马体重只有200多千克，主要生活在陆地上而很少下水，六齿河马的生活方式很可能与之类似。有的分类学家认为，倭河马其实就是一种六齿河马。

像今天的河马一样，惧河马当年可能也是集群生活，雄性在求偶季节会进行激烈的战斗，争夺对雌河马的统治权。

现代河马并不是真正的"水栖动物"，它们白天泡在水里，清晨和黄昏上岸吃草。惧河马虽然可能也有类似习性，但平时可能更依赖水，这点在长期干旱气候下很不利。

南欧和西亚地区却比今天要湿润得多，非洲赤道地区的干旱促使河马们去寻找新家园。为了生存，庞大的惧河马适应了欧洲、中东较为凉爽的气候。

尽管惧河马很强势，但是却不能独享当时欧洲的湿地，还有另一种古河马（H. antiquus）与它们共存。一些古河马的体型甚至比惧河马还要巨大，体重可能达到6~7吨。古河马同样具有比现代河马更适应水栖的体态，甚至在北方的不列颠岛上都留下过踪迹。但到了中更新世时期，随着冰川活动愈加频繁，这两种河马先后在欧洲灭绝。在河马的老家非洲，惧河马一度分布遍及大半个非洲大陆，不过到距今约60万年前也消失了。

除了惧河马、古河马这些大家伙，冰河时代还有一些河马进入了西西里、塞浦路斯、克里特和马耳他等地中海岛屿上，并演化出了比猪大不了多少的物种。距今1万年到数千年前，在人类猎杀之下，它们无一例外都迅速灭绝了。

"进步"输给"保守"

化石显示，惧河马走向灭绝的时期，恰巧是现代河马开始繁荣兴盛的时期。难道身体结构更"进步"的惧河马会被相对"保守"的普通河马取代？

其实在生物演化上，并不是越适应某种生态环境，就越有长期的竞争优势：在今天非洲一些地区的旱季，失去大片水域的河马依然能够勉强忍受，支撑到雨季来临。惧河马虽然也和现代河马一样，主要以陆地上的草类为主食，但它们的身体可能对长期缺水忍耐力更差，在漫长的干旱时期竞争不过现代河马。

河马与鲸，不解之缘

传统分类按照牙齿、骨骼形态的相似性，把河马与猪类、西猯类同列在偶蹄目下的猪形亚目当中。21世纪以来，随着分子生物学的发展，DNA检测越来越多地被用于动物分类，并得出了一个令人吃惊的结果：河马与鲸类的DNA相似程度，比它们与其他偶蹄类（包括猪在内）的DNA相似程度都要高！

研究者认为，河马与鲸类可能在距今6000万年前~5000万年前有共同祖先，而后一支走向大海成为鲸类，另一支则演化成了石炭兽类与河马类。现在的一种流行分类甚至把鲸目和偶蹄目合并成了"鲸偶蹄目"，不过至今仍有一些科学家不认同如此颠覆性的分类。

比起在泥地里打滚的猪，河马却和大洋遨游的鲸关系更近？DNA分析的结果让人们吃惊不已。

壮疣猪

接连几天阴雨结束了漫长的旱季，动物们都沉浸在雨水来临、草木萌发的喜悦里。年轻的雄性壮疣猪们不再蜗居在地洞附近，开始在草原上四处游荡，寻找伴侣。经过几场凶狠的打斗，胜利的雄性壮疣猪不顾疼痛，连忙赶过去追逐、亲近旁边观看的一头雌性，试图赢得它的芳心……

档案：壮疣猪

拉丁学名：*Metridiochoerus*，含义是"可怕的猪"

科学分类：偶蹄目，猪科

身高体重：体长 2~2.5 米，肩高 1 米，体重 200 千克

体型特征：较现代疣猪大，上下犬齿向上弯曲成獠牙，面部有骨质疣

生存时期：上新世至更新世（距今360 万年~80 万年前）

发现地：非洲

生活环境：草原

疣猪大表哥

20世纪初，非洲大陆开始吸引古生物学者们的目光。非洲南部发掘出了南方古猿化石，以及同时代的巨颏虎、硕鬣狗和多种史前羚羊等动物的化石。在它们当中，还有一类有趣的动物，这就是1926年定名的壮疣猪（Metridiochoerus）。

根据不完整的化石，壮疣猪应该和今天分布在非洲草原、沙漠和林地中的疣猪有很近的亲戚关系，模样比较相似。与今天疣猪不同的是，壮疣猪的体型几乎是现代疣猪的两倍，如安氏壮疣猪（M. andrewi）体长2米以上，体重可达200多千克，因此有人干脆称其为"巨型疣猪"。

和现代疣猪一样，壮疣猪的脑袋硕大沉重，上下颌的4颗犬齿全都向上弯曲，形成两对巨大的獠牙。壮疣猪的面部皮肤很可能也有发达的"疣"，可以在掘土和打斗时保护眼睛，同时也让它们显得面目狰狞。

疣猪是今天非洲草原上的"丑星"，而壮疣猪有点像是现代疣猪的史前放大版。

大林猪是非洲、乃至世界最大的野生猪类，体重可达280千克。它们栖息在西非密林里，在演化和生活习性上和疣猪迥然不同。

巨猪的时代

壮疣猪所属的猪类家族是今天我们非常熟悉的一类动物，它们凭借良好的适应力，广布于亚欧大陆和非洲，并被人类驯化为家畜。早在距今3000多万年的渐新世，最早的猪科动物就已经出现了，当时它们在体大如牛的豨类（又译巨猪类）面前还只是小家伙。

进入中新世中晚期，猪类开始走上了大型化道路，如库班猪（Kubanochoerus）体重可达半吨、雄性额头上还长着一只角，其曾分布于亚欧非三大洲；尼亚萨猪（Nyanzachoerus）和硕背猪（Notochoerus）也在晚中新世和上新世的非洲扮演着重要角色，它们种类繁多。

当时硕背猪的牙齿非常适应咀嚼粗糙草类，晚期种类优氏硕背猪（N. euilus）已相当巨大，肩高1.2米，体重可达450千克。到了上新世末期，随着地球即将进入冰河时代，气候、环境的变化让这些巨猪所代表的猪类分支纷纷灭绝，壮疣猪和现代疣猪替代了它们的位置。

吃草的猪

与其他偶蹄类动物相比，猪类一般并不是

库班猪是有史以来最大的野生猪科动物，在距今1000多万年前的非洲也有分布。

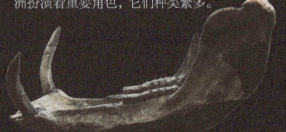

壮疣猪的下颌长有一对大獠牙，身体其余部位的骨骼则发现较少。

"纯粹"的食草动物，而是见什么吃什么的杂食动物，并大多保持了哺乳动物原始的齿形——44颗牙齿。但疣猪却是其中另类：它们的臼齿数量减少、第三臼齿变得粗大，齿冠也比较高，适合吃草，因此成为今天唯一能以草类为主食的猪。

壮疣猪的臼齿结构和疣猪很像，是巨大的高冠齿，上面还有复杂的珐琅质图案。壮疣猪应该也是以吃草为主的，它们用獠牙和嘴唇采摘草叶，或是用鼻子拱出土里的草根、草籽和块茎。当然，它们可能也像疣猪一样，会偶尔吃些腐肉作为调剂，但不像亚欧大陆的野猪那样经常"开荤"。

在旱季，失去斑马和羚羊可捕猎的狮群往往会捕猎同样"留守"的疣猪。当年的壮疣猪虽体大力猛，但未成年猪也难免遭此厄运。

超生游击队

为躲避捕食者，有蹄类动物大多奉行"独生子女政策"：每胎只生一仔，孕期比较长，但幼仔生下后不久就能跑能跳，可以跟随母亲一起行动。猪类在这方面再度显得保守，孕期通常不超过半年，一胎生个五六只、七八只小猪仔也很常见，今天的疣猪也不例外。壮疣猪应该也采取了这种"广种薄收"的繁衍策略，幼仔不仅要与同胞兄弟姐妹争夺母亲的乳头，而且也是各种猛兽垂涎三尺的目标，成长道路充满凶险。

在危机四伏的开阔草原上，最安全的地方或许只有地下了。现代疣猪是猪类中的挖洞高手，

挖出的洞穴不仅平时可以藏身，而且还能保护幼仔。至于大块头壮疣猪是否也会挖洞，目前还没有证据。不过要挖出可供它们使用的洞，至少应该比体型较小的现代疣猪挖洞要费劲些。

干渴的挑战

在更新世早中期，壮疣猪一点点显出颓势，走向消亡。先是巨大的安氏壮疣猪在早更新世灭绝，到了距今约80万年前的中更新世，就连体型稍小的其他种类也消失了。令人不解的是，既然壮疣猪和现代疣猪这么像，又适应了相同的生态环境，为什么它们灭绝了而现代疣猪得以幸存呢？

或许问题就出在"大"字上。冰河时代时东非、南非地区的气候愈加干燥，让动物们经常面临酷旱少雨、缺食短水食物的困境。猪类不像马类、牛羊类甚至大象那样擅长长途跋涉，它们一般是继续呆在原有的家园，靠不挑食的杂食能力渡过难关。在现存猪类当中，疣猪是唯一一种可以长时间耐饿耐渴的物种，它们甚至可以几天不喝水，在烤干地面的高温下也能存活。体型更大的壮疣猪对食物和水的需求量更大，身体散热能力也不如疣猪，于是在频繁发生的灾年中退场了。壮疣猪消失后，疣猪依然顽强地生存至今，成为非洲草原大舞台上别具一格的"小强"，继续演绎着自己的生命传奇。

与现代疣猪和大多数野生猪类一样，壮疣猪应该也是一胎多仔，以应对后代的高死亡率。

西瓦兽

午后时分，东非草原上乌云密布，天边传来滚滚雷声。动物们十分兴奋，就连三三两两、身材高大的西瓦兽，都欢快地踱起了步——雨季终于要开始了。在这一代西瓦兽的记忆里，每年的旱季越来越长，树林越来越难找，它们经常要靠屈尊低头啃食坚硬的草，与那些矮小的水牛、羚羊和三趾马们竞争，才能勉强填饱肚子。不知即将到来的大雨，会给它们带来多长的好时节呢？

档案：西瓦兽

拉丁学名：*Sivatherium*，含义是"西瓦利克的野兽"

科学分类：偶蹄目，长颈鹿科，西瓦兽亚科

身高体重：肩高2.2米，体重1.5吨以上（巨西瓦兽）

体型特征：体型粗壮如牛，脖子比长颈鹿短，大脑袋上长着宽阔的角

生存时期：晚中新世至全新世（距今630万年前～8000年前）

发现地：非洲、西亚、南亚

生活环境：林地、草原

肌肉版长颈鹿

西瓦兽（*Sivatherium*）是史前长颈鹿类的一个分支。从它们身上，完全看不出长颈鹿的修长和优雅，反倒显得五大三粗，更像是超大号的驼鹿或大羚羊。

西瓦兽的化石，最早在19世纪30年代发现于印度的西瓦利克地区，由两位英国学者休·福克纳（Hugh Falconer）和普罗比·考特利（Proby Cautley）共同命名。西瓦兽的模式种名为巨西瓦兽（*S. giganteum*）。巨西瓦兽体长3~4米，肩高可超过2.2米，可能比现代长颈鹿还要重。后来在非洲也发现了不少西瓦兽化石，其中分布最广的是莫氏西瓦兽（*S. maurusium*），它们体型较小，但肩高也超过1.7米，与大羚羊相当。

西瓦兽在南亚、西亚和非洲都曾分布过，直到更新世末期才灭绝。它们四肢粗壮，肩部、颈部更是强健有力，以支持硕大的脑袋。其头顶还长着一对宽阔、分叉的大扁角，上面有许多突起和疙瘩，此外眼眶上方还有一对小角。

与长颈鹿相比，西瓦兽的脑袋显得更大，头骨比较沉重。

其中有一支名为原利比兽（*Prolibytherium*）的，可能就是西瓦兽的祖先，它们体型与马鹿相仿，与西瓦兽一样长着一对宽阔的扁角，身体结构也比较像。到了距今约1100万年前的晚中新世，真正的西瓦兽才终于登场。此后直到灭绝，它们的模样基本没有太大变化，种类也不多。

树叶食客

由于西瓦兽的脖颈、四肢短粗，过去认为西瓦兽是吃草的。后来对化石的化学分析表明，它们还是坚守了长颈鹿家族的传统，以树叶为主食。不过在食物缺乏的时期，它们也能暂时以啃草为生，这在干旱气候增多的上新世、更新世是重要生存技能。

早期复原的西瓦兽，曾经像驼鹿一样有一条下垂的鼻唇，甚至被画成类似貘的长鼻子。不过

西瓦兽的复原模型。它们体型笨重，与修长优雅的长颈鹿迥然不同。

晚中新世时分布于亚欧大陆的萨摩麟，也是一类粗壮型的史前长颈鹿，体型不亚于西瓦兽。

长颈鹿会挥舞脖子、用带短角的"头槌"进行求偶打斗，或是对付捕食者、驱赶其他食草动物。而西瓦兽的脖子较短，可能主要用巨角执行这类任务。

根据它们的头骨结构推断，西瓦兽的嘴唇可能更像黑犀牛，略微加长且动作灵活，另外口中还有一条长舌头。

尽管体型笨重，但凭借强健的肌肉，西瓦兽在剑齿虎、锯齿虎、豹鬣狗等捕食者面前依然有能力保护自己。由于雌西瓦兽也有角，因此一般认为，西瓦兽的角不只用于雄性争斗，在对付猛兽时也能发挥巨大威力。

西瓦兽的衰落

西瓦兽的化石数量不是特别多，说明它们虽然分布广、生存时间长，但没有形成特别繁盛的种群。此外，其他古长颈鹿类的竞争，以及中亚、南欧比较干旱的稀树草原，也阻挡了西瓦兽的扩散，没让它们进入东亚和欧洲。

从身体结构上看，西瓦兽和生活在史前亚洲林地的某些牛类相似，或许也是一种趋同演化的结果。虽然外貌很像，也都有反刍带来的优秀消化能力，但西瓦兽的牙齿并不是牛类的高冠齿，这是个严重竞争劣势。在更新世期间，西瓦兽的种群逐渐衰落，或许就与竞争不过牛羊类有关。

类似西瓦兽的雕刻像

非洲、亚洲的西瓦兽，在更新世末期已经难觅踪迹。有观点认为史前人类可能将西瓦兽作为捕猎对象，加速了它们的灭绝。但在北非撒哈拉沙漠中，考古人员在距今 8000 年前的一幅岩画上找到了非常像西瓦兽的动物形象。在当时，撒哈拉沙漠还是一片气候湿润、水草丰茂的土地，西瓦兽在这里残存一段时间也很有可能。

西瓦兽的臼齿是较原始的低冠齿，不如牛科动物那么擅长咀嚼坚硬的植物。

不仅如此，20 世纪 30 年代，一支美英考察队在伊拉克的萨姆连考古遗址，发现了一件距今约 5500 年前的铜制动物小雕像，被认为可能是个缰绳套。上面雕刻的动物具有一对掌状巨角和一对锥状小角，身体比例也大致类似西瓦兽，吻部似乎还系着一根绳子！难道在文明开始萌芽的两河流域，依然还有西瓦兽生活，并被人类捕捉甚至驯养过？遗憾的是，这么多年来，依然没有更多证据为我们揭开谜团。

如今，长颈鹿的亲戚只剩下了生活在西非雨林中、模样非常"原始"的霍加狓，而那些形形色色的史前长颈鹿全都灭绝了。

象鸟

马达加斯加岛的傍晚，彩色的云朵随着夕阳西下开始变得暗淡。在一片空地上，几只象鸟悠闲地散着步，它们高大的身躯在空旷地带非常显眼。成年象鸟的身高超过 3 米，这个体型在海岛上已经没有任何天敌了。一只雄性象鸟向不远处的雌性走去，它张着嘴发出清脆的鸣叫，想要博得对方欢心。对于象鸟来说，仅仅叫几声是不会求爱成功的。

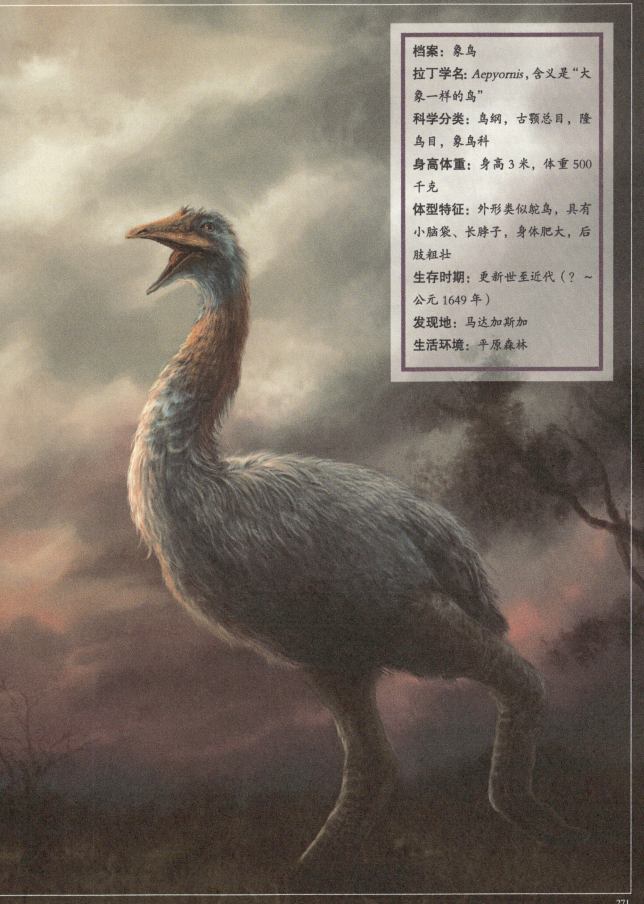

档案：象鸟

拉丁学名：*Aepyornis*，含义是"大象一样的鸟"

科学分类：鸟纲，古颚总目，隆鸟目，象鸟科

身高体重：身高3米，体重500千克

体型特征：外形类似鸵鸟，具有小脑袋、长脖子，身体肥大，后肢粗壮

生存时期：更新世至近代（？～公元1649年）

发现地：马达加斯加

生活环境：平原森林

象鸟的发现

17 世纪末，法国人在马达加斯加岛上发现了一种大型鸟类的化石。1851 年，法国动物学家伊西多尔·圣地莱尔·圣西莱尔（Isidore Geoffroy Saint-Hilaire）根据化石显示的巨大身材，将其命名为象鸟（Aepyornis），意思是"具有大象般的体型"。由于翻译问题，象鸟有时也被称为隆鸟。

象鸟是古老而独特的一种巨鸟，是鸵鸟的远亲，属于隆鸟目，象鸟科，是马达加斯加岛特有的物种。科学家至今还不能确定象鸟出现的确切年代，不过它们应该出现于更新世，到 17 世纪才全部灭绝。

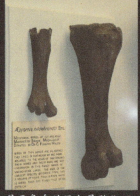

属于象鸟的巨大骨骼化石。

鸟中二交椅

象鸟是一种非常巨大的陆行鸟类，其外形有些像是鸵鸟和食火鸡的混合体，或者说是变胖了、看不见翅膀的鸵鸟。根据化石复原，象鸟的身高可超过 3 米，体重 400~500 千克。虽然在高度上不如新西兰的恐鸟，不过它们体型更为厚重，是已知史上第二重的鸟类。

象鸟的脑袋较小，喙嘴尖长，脑颅膨大，具有视力发达的眼睛。像其他大型陆行鸟类一样，象鸟的脖子细长弯曲，呈现出"S"形。灵活的脖子可以将脑袋高高地举在空中，帮助它们进食。象鸟的身体壮硕，甚至有点胖，翅膀短的已经可以忽略不计了，活着时可能被完全隐藏在羽毛中，

博物馆中的象鸟模型，身形巨大，身披粗糙的羽毛。

巨蛋价钱高

象鸟不仅体型巨大，它们下的蛋更是体积大得惊人。尽管象鸟已经灭绝，但是它的蛋却保存了下来。到目前为止，人们已经在马达加斯加岛上发现了几枚保存完整的象鸟蛋，其中一枚蛋保存在剑桥大学的历史博物馆中，另一枚蛋保存在伦敦大学动物学博物馆中。最著名的象鸟蛋是在 1967 年由路易斯·马登发现的，这枚象鸟蛋长约 30 厘米，直径 21 厘米，其体积相当于 100 多枚鸡蛋或 7 枚鸵鸟蛋，是已知最大的鸟蛋。马登发现的象鸟蛋最珍贵之处在于里面有一只未出生小象鸟的胚胎骨架。正是由于胚胎骨骼的存在，马登发现的象鸟蛋具有极高的价值。在 2013 年 4 月伦敦举办的拍卖会上，这枚象鸟蛋成为耀眼的明星，预计可以拍出高达 30 万元人民币高价。

准备拍卖的象鸟蛋，与旁边的鸡蛋相比，象鸟蛋真是巨大无比。

但双腿却特别强壮结实。别看象鸟身大体重，但是它的奔跑速度一点儿都不慢。根据传说和近亲鸵鸟的毛发，研究人员认为象鸟身上长有厚厚的暗色羽毛，脖子上毛发的颜色则比较淡。象鸟的羽毛作用主要是保温，而非伪装，毕竟它是没有天敌的。

象鸟家族

象鸟是马达加斯加岛上最著名的史前鸟类，其实象鸟指代的并不仅仅是一种动物，这个名字在某种范围内是对马达加斯加岛上巨型陆行鸟类的统称。1853 年，法国动物学家查尔斯·吕西安·波拿巴（Charles Lucien Bonaparte）在象鸟的基

博物馆中的象鸟骨骼，周围不同体型的化石都是象鸟家族的成员。

今天，人们只能在博物馆中一睹象鸟的风采了。

础上建立了象鸟科（Aepyornithidae），目前该科内包括有象鸟和穆勒鸟（Mullerornis）两个属。我们熟知的象鸟属内有4个种，其中模式种为马氏象鸟（A. maximus），此外还有希氏象鸟（A. hildebrandti）、股薄肌象鸟（A. gracilis）和中象鸟（A. medius），有观点认为象鸟属内只有模式种一个种。

神话中的象鸟

　　象鸟曾经长期与人类共存，并且出现在历史传说和神话中，著名的旅行家马可·波罗在登上马达加斯加岛后也见到了这种巨大无比的鸟类，他在游记中这样描述象鸟："展开翅膀有16米长，羽毛约8米长"。显然，马可·波罗夸大了象鸟的体型，不过可以显现出他看到这种动物时的震撼。象鸟也出现在阿拉伯的神话中，它很可能就是"捕象鸟"的原型，传说这种大鸟能用爪子抓起大象。

博物馆中的象鸟模型，与今天最大的鸟类鸵鸟相比，它真的是重量级选手。

不仅仅是在马可·波罗的游记和阿拉伯的神话中，在马达加斯加岛居民的宗教信仰中，象鸟也具有崇高的地位。

象鸟的灭绝

　　正是由于象鸟在马达加斯加居民心中的崇高地位，它们并没有遭到人类的大量捕杀，这也是象鸟为什么能与人类共存这么长时间的重要原因。由于海岛资源有限，供养像象鸟这样的大型动物压力很大，因此其数量本来就不多。与象鸟的情况相反，自从约2000年前人类首次登陆马达加斯加岛以来，岛上的人口就不断增加，人类采用传统的刀耕火种的方式改造环境、开垦耕地，这使得象鸟的栖息地不断缩小，数量也持续下降。而且尽管人类不直接猎杀象鸟，但却采集象鸟蛋作为食物，这对繁殖能力本来就不强的象鸟来说是重大的打击。就这样，在人类有意无意的影响之下，象鸟最终于17世纪灭绝，有记载最后一次目击象鸟的时间最后停留在1649年。象鸟的灭绝带走了巨型鸟类最后的希望和梦想，今天的人类只能通过骨骼化石和蛋来想象这种动物的高大与优雅。

第五部分
人类之旅

冰河时代的人类战记

冰河时代不只是"巨兽时代",更是地球第一次产生高级智慧生命的时期。在不到200万年的时间里,史前人类从不比黑猩猩聪明多少的"直立猿"快速演化,大脑愈加发达,直到产生了智慧之光,成为有史以来最优秀的生存高手。今天生活在高科技中的我们应当感谢冰河时代,是它让我们的祖先从动物界中脱颖而出。

前传:双足行走的传奇

俗话说"千里之行始于足下",人类的演化过程就是从双足直立行走开始的。在人类演化的大部分时期内,我们的老祖宗及其近亲都可以说是双足直立行走的猿。距今约600万年前肯尼亚的图根原人(*Orrorin tugenensis*,又译千禧人),可能代表了最早能直立行走的原始人类类型。在此之后,随着非洲东部、南部愈发干旱,开阔的草原环境逐渐产生,一些猿类也更坚决地朝着直立姿势演化。

人类的演化并非一条直线,几乎每个时期都有好几种人科动物同时生活。大约400万年前,一类名叫南方古猿的直立猿出现了,它们是人科中最早的"人族"成员。其中距今约350万年前的阿法南方古猿(*A. afarensis*)被认为最有可能是后来人类演化的基干、现代人的祖先。最著名的一具女性化石于1974年在埃塞俄比亚发现,被研究者亲切地称为"露西"。"露西"身高仅1.1米,脑容量约400毫升,更像一只直立行走的黑猩猩。

在"露西"之后,南方古猿也迅速分化,其中一支朝植食专精的方向发展,具备发达的咬肌和硕大的牙齿,这就是傍人(*Paranthropus*)。到距今200万年前的冰河时代前夕,傍人依然生活在非洲,但他们在生存压力下缺乏适应力,逐渐把舞台让给了"露西"的另一支后裔—新兴的人属(*Homo*)成员。

会造石器的"能工巧匠"

距今约 180 万年前的冰河时代早期，非洲共有四种人属成员：能人（*H. habilis*）、匠人（*H. ergaster*）、卢多尔夫人（*H. rudolfensis*）以及直立人（*H. erectus*）。这些原始人类普遍比南方古猿身材高大，脑容量也有所扩展，其中出现最早、个子最矮的能人也有 1.5 米高，脑容量 500~650 毫升；而最高的匠人可达 1.9 米高，脑容量 700~850 毫升。

人属成员与南方古猿的重要不同点就是能够打制石器，"能人"和"匠人"就是因此而得名的。他们制造的早期石器非常简陋，甚至可以说不比各种猩猩使用小树枝高明多少，他们的生活方式可能也和猿类没太大不同，主要以各种植物、昆虫为食，顶多抓一点小型动物，几乎没有能力吃到大型动物的肉。

距今约 170 万年前，或许是由于环境变化

的压力，匠人成为第一种"走出非洲"的史前人类，不过只在近东的格鲁吉亚发现了他们的化石。在"出非洲记"这出大戏上，更成功的角色当属直立人。

直立人的旅程

直立人几乎与匠人同时出现，是生存时间最长的人类物种，他们的俗称"猿人"更为著名。其实直立人的外表并不特别像猿，只是额头低平、眉弓高耸，体型矮壮，身高不到 1.7 米但骨骼厚重。早期的直立人脑容量只有 850 毫升左右，但在跨越百万年的演化过程中，他们的智力逐渐提升，到距今约 50 万年前的中更新世时脑容量已有 1100~1200 毫升。

直立人的石器工艺大大进步，能造出适合切削的薄刃石斧；他们还首次驯服了一种自然力——火。有了火，人类就能在洞穴中生火做饭取暖。

近几百万年形成的东非大裂谷，是森林与草原交汇之处，也是人类早期演化的摇篮。著名的"露西"（阿法南方古猿）、"图尔卡纳男孩"（匠人）等史前人类化石，都是在此发现的。

发现于肯尼亚的"图尔卡纳男孩"是迄今最完整的古人类化石个体之一，属于"匠人"。他死时可能只有12岁，但身高已达1.6米，行走姿势几乎已和现代人相同。

直立人的语言能力也有所增强，能够发出比较复杂的音节。虽然直立人还不是优秀的猎手，但凭借这些本事，他们可以从猛兽口中抢夺食物，并用石器剥皮切肉，火烤加工。高蛋白高能量的肉食或许就是刺激直立人等人属成员大脑发育的重要因素。

从距今170万年前开始，直立人逐渐从非洲扩散到大半个亚洲，中国的"元谋人"、"蓝田人"和"北京人"以及印尼的"爪哇人"化石都是直立人开疆拓土的见证。直立人并未在寒冷的北方成功立足，比如京郊周口店的"北京人"可能只在温暖的间冰期才来此生活。目前主流观点认为，直立人并非我们的祖先，他们到20万年前已在非洲、亚洲大陆无影无踪，仅在印尼一些岛屿上多幸存了几万年。直立人可能是输给了中更新世的环境变迁及更聪明的其他人类。

向寒冷北方进发

在非洲大陆，"匠人"的后裔也越来越聪明，逐步演变为新的人类物种。距今约90万年前的"前人"（*H. antecessor*，又译先驱人）脑容量已突破1000毫升，并具备了类似现代人的牙齿，说明肉食在他们的食谱中已经占了一定比例。"前人"的化石只在西班牙发现，但一般认为他们起源于非洲。在更靠北的法国和英国，也发现了疑似他们的石器、脚印等遗迹。

"前人"的后辈是距今60万年前出现的海德堡人（*H. heidelbergensis*），他们的化石最早发现于德国海德堡，是一种成功"走出非洲"的原始人类，在非洲、欧洲和西亚都有分布。男性海德堡人的身高可超过1.75米，脑容量1100~1400毫升，仅比现代人略小。海德堡人已经懂得把石片绑在树枝上制成"长矛"，可能已经有比较强的捕猎能力，他们已经在寒冷的冰期欧洲扎下了根。

过去认为海德堡人是尼安德特人、现代智人的共同祖先，但2013年的DNA研究表明，他们似乎更接近一个新发现的人类物种——生活在距今约4万年前、尚未正式命名的丹尼索瓦人（*Denisovans*）。这样一来，尼安德特人和现代智人之前的演化环节，暂时又成了一笔糊涂账。

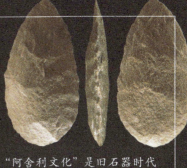

"阿舍利文化"是旧石器时代技术的代表，主要体现为形状规整、边缘较薄的石斧。从150万年前直到20万年前，原始人类的技术基本停留在这个水平。

强壮"表哥"：尼安德特人

"蓝田人"复原头像。和同被写在中学历史课本上的"元谋人""北京人"一样，他们很可能不是现代中国人的祖先。

寒冷的北方大地，磨砺着早期智人的体格，大名鼎鼎的尼安德特人（*H. neanderthalensis*）由此诞生。尼安德特人的化石最早于1856年发现于德国尼安德特河谷，一度被认为是现代人的祖先，但现在认为尼安德特人只是人类演化中的一个分支，大约出现在距今30万年前，是晚更新世欧亚大陆北部的代表居民。

尼安德特人（右）与现代智人（左）头骨对比。尼安德特人的脑容量虽大，但他们前额低平，显示控制社交的前额叶不发达。而且他们的强壮身体和大脑袋，也需要摄入大量的食物，这在环境剧变时很不利。

与一些早期人属成员相比，尼安德特人个头略矮，很少超过 1.7 米，但筋骨更加粗壮，肌肉发达，现代人跟他们比起来更是弱不禁风。尼安德特人 1230~1750 毫升的脑容量不比我们小，生火烹饪、缝制衣物、搭建帐篷样样精通。尼安德特人不仅是优秀的猎人，还会吹笛子、画岩画，给死去的同伴举办葬礼。

强壮又聪明的尼安德特人有两个缺点：他们大脑中控制社交的前额叶相对较弱，而且受喉咙结构所限，不能像我们一样清晰地说话。这两点对尼安德特人之间相互沟通、分工合作和发明创造非常不利。或许正因如此，他们直到灭绝前夕依然用古老的技术打造石器，并用长矛近身与大型动物搏斗，不同部落间也很少交易物品。

距今约 3 万年前，尼安德特人从亚欧大陆上消失了。一般认为他们在生存竞争中输给了我们的祖先——现代智人，两个物种之间甚至可能爆发过流血冲突。至于尼安德特人是否跟现代智人有过混血，并把基因流传给了我们，过去一般认为没有，但近年有研究认为，亚欧大陆的现代人身上可能有 1%~4% 的尼安德特人基因。

岛屿上的"霍比特人"

2003 年，一支考察队在印尼的弗洛勒斯岛上发现了几具史前人类化石。令人吃惊的是，他们都是成年个体，但身高不足 1.1 米，体重 25~30 千克，仅相当于今天三四岁的小孩！这种小矮人被命名为"弗洛勒斯人"（*H. floresiensis*），但人们常用《魔戒》中的"霍比特人"来称呼他们。

弗洛勒斯人平均脑容量仅 425 毫升，不到现

史前欧洲的现代智人被称为"克罗马农人"（*Cro-Magnon man*），他们的身体、大脑和现代人完全一样，还是洞穴里的艺术家。发达的心智，或许是他们战胜其他古人类的关键。

代人的 1/3，甚至不如黑猩猩。研究者发现了他们制作的石刀、石斧等工具和用火遗迹，还发现了被切割过的动物骨骼化石，看来这些小矮人的智商还是够用的。一般认为，弗洛勒斯人很可能是直立人的一支后裔，在冰期通过陆桥进入岛上后，由于"岛屿效应"而变得越发矮小。如果不是距今 1.2 万年前的一次火山喷发，他们甚至可能生存到近代。

现代智人统治世界

距今约 20 万年前，非洲大陆又出现了一批新人类——现代智人（*H.sapiens*），也就是今天我们这个物种。现代智人身材瘦长，平均脑容量 1300~1500 毫升，但身体并不强壮，起初也没取得什么突出成就。

到距今 7 万年前，现代智人遭受了一次大劫难：印尼的多巴超级火山喷发，2000 多立方千米的火山灰弥漫到大气层，让地球连续数十年笼

尼安德特人是在北方寒冷环境下演化的人类物种，又称穴居人（*caveman*）。他们的肌肉个个赛过施瓦辛格，还有个又高又宽的大鼻子，可以高效率地在冰天雪地中呼吸。

罩在灰暗中。当时只有南非海岸的少数智人依靠海边的贝类、海藻等存活下来。DNA 检测结果表明，今天全球 70 多亿人不仅来自共同的非洲祖先，而且都是这一小撮智人的后代。

这场大劫仿佛"点化"了现代智人，尽管他们的大脑、身体结构并没发生什么变化，但在短短几十代人时间里，技术爆炸纷纷产生：用热加工技术制造石矛尖、用投矛器进行远程攻击、在岩石上涂绘图案、用贝壳和鸵鸟蛋壳做工艺品……现代智人此后迅速繁衍、大幅扩张，再一次走出非洲，进入西亚、欧洲、东亚、东南亚，距今 5 万年前短途航海到达澳大利亚，距今 1.3 万年前由陆桥进入美洲大陆。现代智人所到之处，其他原始人类以及大部分大型动物也随之灭绝，正可谓"我花开后百花杀"。

凭借空前的智慧，现代智人成了有史以来的最强猎手。人类智慧的核心是发达的语言、情感和社交能力。沟通和交流，让现代智人更有效地协作、分工，传授经验技巧，乃至产生了更高级的思考能力。当距今 1 万年前最近一次冰川退去后，我们的祖先开始栽培植物、驯化动物，着手建立地球历史上一种全新的事物——文明。

4 万年前的弗洛勒斯岛是一个"颠倒的世界"，生活着小矮人、矮种剑齿象和巨大的科莫多巨蜥、鹳类和巨鼠，这种情况在岛屿生态中很常见。

（一）著作

[1] 霍尔蒂·阿古斯蒂，马西奥·安东，陈瑜译.猛犸·剑齿虎·人类——揭秘欧洲哺乳动物6500万年的演化.南京：江苏科学技术出版社，2013.

[2] 阿兰·特纳，马西奥·安东，间春晖译.进化伊甸园——揭秘非洲大型哺乳动物的演化.南京：江苏科学技术出版社，2010.

[3] 富田幸光，伊藤丙雄，冈本泰子，张颖奇译.灭绝的哺乳动物图鉴.北京：科学出版社，2013.

[4] 特德·奥克斯，何晓科译.遭遇怪兽.北京：东方出版社，2004.

[5] 邢立达，陈瑜，间春晖，董子凡，刘川.古兽真相.北京：航空工业出版社，2007.

[6] 乔恩·埃里克森，王鹏岭，乔继英译.生命的舞台：地球历史演义.北京：首都师范大学出版社，2010.

[7] 赵济.中国自然地理（第三版）.北京：高等教育出版社，1995.

[8] 卢克·亨特，普瑞希拉·巴瑞特，王海滨译.世界陆生食肉动物大百科.长沙：湖南科学技术出版社，2014.

[9] 诺埃尔·T·博阿兹，拉塞尔·L·乔昆，陈淳，陈虹，沈辛成译.龙骨山——冰河时代的直立人传奇.上海：上海辞书出版社，2011.

[10]《环球科学》杂志社编，第一科学视野·生命与进化.北京：电子工业出版社，2012.

[11] 斯蒂芬·J·古尔德，田洺译.熊猫的拇指.北京：三联书店，1999.

[12]杰里·A·科因，叶盛译.为什么要相信达尔文.北京：科学出版社，2010.

[13] Alan Turner, Marurcio Anton, *The Big Cats and their fossil relatives*, Columbia University Press, 1997.

[14] Dougal Dixon, *The World Encyclopedia of Dinosaurs & Prehistoric Creatures*, Lorenz Books, 2004.

[15] Danielle Clode, *Prehistoric giants：The megafauna of Australia*, Museum Victoria, 2009.

（二）论文

[1] 邱占祥.中国北方"第四纪（或亚代）"环境变化与大哺乳动物演化.古脊椎动物学报，第44卷第2期，2006年4月.

[2] 同号文.第四季以来中国北方出现过的喜暖动物及其古环境意义.中国科学，第37卷第7期，2007年3月.

[3] 邓涛.青藏高原隆升与哺乳动物演化.自然杂志，第35卷第3期.

[4] 邓涛.临夏盆地晚新生代哺乳动物的多样性变化及其对气候环境背景的响应.第四纪研究，第31卷第4期，2011年7月.

[5] 刘金毅.猫科剑齿虎化石研究的现状与回顾.第九届中国古脊椎动物学学术年会论文集，海洋出版社，2004.

[6] 王绍武.冰期－间冰期旋回.气候变化研究进展，第4卷第1期，2008年1月.

[7] 魏光飚，胡松梅，余克服，侯亚梅，厉新，金昌柱，王元，Jianxin Zhao，王文华.草原猛犸象（*Mammuthus trogontherii*）新材料及猛犸象的起源与演化模式探讨.中国科学：地球科学，第40卷第6期，2010年.

[8] 陈冠芳.中国新生代晚期的剑齿象（剑齿象科，长鼻目）及其扩散事件.古脊椎动物学报，第49卷第4期，2011年10月.

[9] 赵凌霞，张立召，张福松，吴新智.根据步氏巨猿与伴生动物牙釉质稳定碳同位素分析探讨其食性及栖息环境.科学通报，2011年第35期.

[10]刘金毅.安徽繁昌人字洞的巨颏虎（*Megantereon*）化石.古脊椎动物学报，第43卷第2期，2005年4月.

[11] Alberto L.Cione, Eduardo P.Tonni, and Leopoldo Soibelzon, *Did Humans Cause the Late Pleistocene-Early Holocene Mammalian Extinctions in South America in a Context of Shrinking Open Areas ?*, Vertebrate Paleobiology and Paleoanthropology, 2009.

[12] Stephen Wroe, Judith Field, *A review of the evidence for a human role in the extinction of Australian megafauna and an alternative interpretation*, Quaternary Science Reviews 25（2006）2692-2703.

[13] Per Christiansen, *Evolution of Skull and Mandible Shape in Cats(Carnivora:Felidae)*, PLoS One, 2008；3（7）：e2807.

[14] Ki Andersson, David Norman, Lars Werdelin, *Sabretoothed Carnivores and the Killing of Large Prey*, PLoS One, 2011；6（10）：e24971.

[15] Blaire Van Valkenburgh, Tyson Sacco, *Sexual Dimorphism, Social Behavior, and intrasexual Competition in Large Pleistocene Carnivorans*, Journal of Vertebrate Paleontology 22（1），March 2002.